Manfred Fischer
Hans-Joachim Albrecht
Martin Geibel

Taschenatlas
Obst

216 Arten und Sorten

221 Farbfotos

Ulmer

Inhaltsverzeichnis

Vorwort

Das Sortenkarussell dreht sich unaufhörlich. Es ist deshalb nicht verwunderlich, dass der Informationsbedarf an Sortenliteratur nicht abnimmt, sondern im Gegenteil, ständig größer wird. Nach dem Erfolg der letzten Sortenbücher „Farbatlas Obstsorten“ und „Farbatlas Alte Obstsorten“ hat der Verlag Eugen Ulmer einen weiteren Schritt getan, dem Informationsbedürfnis in dieser Hinsicht entgegenzukommen. Mit dem Taschenatlas „Obstsorten“ wird eine Kurzfassung vieler Sortenbeschreibungen vorgelegt, die eine schnelle Orientierung ermöglicht, die aber ein Nachschlagen in weiterführender Literatur im Bedarfsfall nicht ersetzen kann. Es wurde versucht, aus dem Angebot alter und neuer Sorten eine rechte Mischung zu finden, die sowohl den Liebhaber alter Sorten als auch den an Neuheiten Interessierten ansprechen soll. Dabei umfasst das Spektrum unsere bekannten Baum- und Strauchbeerenobstarten sowie einige Erdbeersorten und zahlreiche empfehlenswerte Wildobstarten. Weiterhin werden die wichtigsten Vorfahren unserer heutigen Obstsorten vorgestellt, sodass der Leser einen Eindruck von der gewaltigen Entwicklung gewinnen kann, den die Obstarten von der Wildart bis zur Kultursorte über mehrere Jahrhunderte, ja Jahrtausende erlebt haben – ein Unterschied zu zahlreichen anderen Sortenbüchern.

Eine Darstellung aller gegenwärtig zugänglichen Sorten übersteigt den Rahmen aller bisher erschienenen Bücher und so auch dieses Taschenbuches über Obstsorten. Die Autoren hoffen jedoch, dass das Werk seine Freunde unter Obstliebhabern und Enthusiasten genauso finden wird wie unter Erwerbsanbauern, Kleingärtnern, Studenten, Lehrlingen und allen Obst- und Naturfreunden.

Dresden-Pillnitz, im August 2005
Manfred Fischer

Entstehung unserer Obstarten und ihre Bedeutung aus heutiger Sicht

Apfel

Der Apfel, *Malus domestica* BORKH., ist schon lange kein Genussmittel mehr, er ist Grundnahrungsmittel. Immerhin liegt der Apfel mit etwa 56 Mio. t jährlicher Erntemenge an der zwölften Stelle in der Weltproduktion an Nahrungsmitteln (Mais 604 Mio. t, Zitrusfrüchte 103 Mio. t, Bananen 57 Mio. t) (FAO 1998). Die Tendenz ist steigend. Grund für diese Entwicklung sind der ernährungsphysiologische Wert der Früchte einerseits und die gute Handhabung derselben bei Ernte, Lagerung, Transport und Vermarktung andererseits. Der Apfel ist ein Produkt weltweiten Handels geworden.

Als Nahrungsmittel ist der Apfel seit etwa 8000 Jahren bekannt. Er verbreitete sich aus seinem Mannigfaltigkeitszentrum (Genzentrum), einem Gebiet, welches etwa dem heutigen südwestlichen China, Kasachstan und Kirgisien entspricht, über Zentralasien und von dort über die historische Seidenstraße in den Vorderen Orient. Aus diesem gelangte er durch die Griechen und Römer nach Europa und erst viel später von Europa nach Amerika. Als Ausgangsform wird heute die in Zentralasien beheimatete Wildart *Malus sieversii* betrachtet. Auf seinem Weg nach dem Vorderen Orient erfolgten nördlich des Kaukasus Einkreuzungen des Kaukasus-Apfels, *Malus orientalis*. Dagegen besitzt der im zentralen Europa heimische Holz-Apfel, *Malus sylvestris*, nur eine geringe Bedeutung für die Herausbildung unserer Apfelsorten.

Die Verbreitung des Apfels, der sich ja bekanntlich durch eine sehr hohe genetische Variabilität auszeichnet, ging stets einher mit einer entsprechenden Selektion, sodass letztlich wohlschmeckende und großfrüchtige Formen vermehrt wurden, die als Urformen unserer heutigen Sorten angesehen werden können. Um die Entwicklung auch im Bild zu charakterisieren, sind die zwei bedeutendsten Ursprungsformen unserer Kultursorten mit in das Buch aufgenommen worden. Daran ist die enorme Selektionsarbeit, die über Jahrhunderte betrieben worden ist, deutlich abzulesen.

Der Apfelanbau in der Welt wird gegenwärtig durch eine starke Konzentration auf wenige Sorten bestimmt, wobei die Anforderungen an die Sorten besonders durch die Anforderungen der Vermarktung bestimmt werden: hohe Festigkeit, gute Lagerfähigkeit mit günstigem Nachlagerverhalten („shelf life"), gute Transportfestigkeit, abknackendes und saftiges Fruchtfleisch, mittlere Größe und gutes Aussehen, wobei gelbgrüne Grundfarbe und rote Deckfarbe dominieren. Im Geschmack geht der Trend eindeutig nach mehr süßen Früchten. Zu den weltweit gehandelten alten Hauptsorten 'Golden Delicious', 'Red Delicious' und 'Granny Smith' sind 'Jonagold', 'Elstar', 'Gala', 'Fuji', 'Braeburn' und zuletzt 'Pinova' hinzugekommen. Vielfach werden besser gefärbte Mutanten der Ausgangssorten bevorzugt, die aber letztlich das Grundproblem der zunehmenden Sortenverarmung an den Märkten nicht mindern. Mehr Sortenvielfalt ist bereits zur Nischenproduktion geworden, die nur bei Direktvermarktung eine Chance besitzt. Außerdem sind Klein- und Hausgärten angehalten, von dieser Vielfalt zu profitieren und nicht die Sorten anzupflanzen, die ständig in den Einkaufsmärkten ausliegen. Dazu werden in diesem Buch zahlreiche Anregungen vermittelt.

In der Züchtung wird weltweit an krankheitsresistenten Sorten gearbeitet. Die haupt-

sächlichen Zuchtziele in der Apfelzüchtung lassen sich zusammenfassend folgendermaßen formulieren: Kombination von Fruchtqualität + Ertrag + Resistenz. Das klingt sehr einfach, ist aber schwer zu realisieren, da die Zuchtzeit für eine neue Sorte etwa 16 bis 20 Jahre beträgt und die ersten Früchte an neuen Sämlingen erst im vierten bzw. fünften Jahr ansetzen. Erst dann kann die Fruchtqualität beurteilt werden, Ertragsverhalten sowie Resistenzeigenschaften in der Obstanlage entsprechend später. Hauptzuchtrichtung sind Tafelapfelsorten für den Frischverzehr, wobei die Fruchtqualität absolut an vorderster Stelle steht. Resistente Sorten können zahlreiche Pflanzenschutzprobleme lösen helfen, besonders für Öko-Anbauer, Kleingärtner, Landschaftsgestalter und in Streuobstanlagen.

Eine Idealsorte wird und kann es nicht geben, dazu sind die Anforderungen viel zu komplex und ständigen Änderungen unterworfen. Neue Sorten brauchen einen langen Zeitraum, um sich im Anbau zu etablieren. Alte Sorten durchleben derzeit eine Art Renaissance. Das liegt einmal an der bereits erwähnten Sorteneinfalt in den Einkaufsmärkten, andererseits an der Entwicklung zu mehr süßen neuen Sorten. Wenn säuerliche Sorten gewünscht werden, gibt es höchstens noch den 'Boskoop' zu kaufen. Ansonsten gilt: „Selbst ist der Mann". Hier haben Selbstversorger, Kleingärtner und Direktvermarkter ein ideales Betätigungsfeld, zu einer größeren Sortenvielfalt beizutragen. Man sollte nur beachten, dass nicht jede alte Sorte so gut ist, wie sie mitunter geredet wird. Objektive Prüfungsdaten sollten eine Voraussetzung für die Auswahl für eine Pflanzung sein. Das vorliegende Buch möchte dazu seinen Beitrag leisten.

Birne

Die Gattung *Pyrus* (Wildbirne) ist beheimatet im Kaukasus und in Zentralasien (ähnlich dem Apfel), etwa 20 *Pyrus*-Arten wurden in Kleinasien, Nordafrika und Europa gefunden. Daraus entwickelten sich zwei Gruppen domestizierter Birnen: *Pyrus communis* L., die saftige, aromatische, weichfleischige europäische Birne, und *Pyrus pyrifolia* (Burm.) Nakai, die mehr festfleischige und meist steinzellenreiche, weniger aromatische und rund geformte Asien-Birne („Nashi"-Birne). Ein exakter Nachweis der Entstehung der europäischen Birne ist bisher nicht gelungen.

Im Laufe der Zeit entwickelten sich innerhalb der Gattung *Pyrus* in unterschiedlichen geografischen Regionen verschiedene Arten, so die Ussuri-Birne (*P. ussuriensis*) in Nordchina, der Mandschurei und Sibirien, die Sand-Birne oder Asien-Birne (*P. pyrifolia*) in Japan, China und Korea, die Birkenblättrige Birne (*P. betulifolia*) in Zentralchina und der südlichen Mandschurei, die Weidenblättrige Birne (*P. salicifolia*) in Persien, Südostrussland und Südwestasien, die Ölweidenblättrige Birne (*P. elaeagrifolia*) in Kleinasien, dem Kaukasus und Südosteuropa, im Kaukasus die Kaukasische Wildbirne (*P. caucasica*), im Mittelmeerraum die Dornige Birne (*P. spinosa*), im Kaukasus, in Marokko, Kleinasien bis Europa die Holz-Birne (*P. pyraster*) – die einzige in unseren Breiten noch natürlich vorkommende Birnenwildart –, in West- und Südeuropa die Schnee-Birne (*P. nivalis*) und letztlich in Kleinasien, West- und Südeuropa und im Kaukasus Urformen der Kultur-Birne (*P. communis*). An der Entstehung der Kultur-Birne scheinen vor allem *P. communis*, *P. pyraster* und *P. nivalis* beteiligt gewesen zu sein, aber auch die Beteiligung anderer Wildarten, wie *P. elaeagrifolia*, *P. salicifolia* und *P. spinosa* wird nicht ausgeschlossen (Silbereisen et al. 1996). Einige dieser Wildarten sind in den Taschenatlas aufgenommen worden, um den Schritt zur Kulturbirne als großartiges Werk menschlicher Auslese- und Züchtungsarbeit aufzuzeigen.

In der Vorzeit bis ins Mittelalter spielte die Birne eine weit größere Rolle als der Apfel. Vor allem in Klöstern beschäftigte man sich ausgiebig mit Obstbau, mit der Baumerziehung (Spalier- und Kunstformen) und der Verarbeitung von Obst.

Es waren meist Liebhaber und damals schon enthusiastische Sammler, die sich der Vielfalt der Birnen annahmen. Die eigentliche bäuerliche Tradition war auf die Eigenversorgung ausgerichtet. Man pflanzte meist Hochstämme – in der Regel auf Sämlingsunterlagen von Holz-Birne veredelt. Erst Mitte des 19. Jahrhunderts begann man auch mit Obst in größerem Umfang zu handeln. Mit der Herausbildung des Marktobstbaues aber zeigten sich sehr schnell die Grenzen der Birne mit ihrer meist kurzen Genussreifezeit. Der Apfel hatte dagegen wesentliche Vorteile. Er war besser zu handhaben, fester, dadurch besser transportabel und viele Sorten hielten sich länger. Außerdem war eine solch strenge Terminierung der Genussreife nicht erforderlich. So setzte eine Sortenbereinigung und damit zwangsläufig Sortenverringerung ein, die dem Anliegen nach größerer Marktfreundlichkeit entgegenkamen. Immer mehr wurde damit die Birne vom Apfel als marktbestimmende Frucht verdrängt.

Die weltweite Birnenproduktion beläuft sich heute auf rund 17 Mio. t. Der größte Teil des Zuwachses erfolgte in den 90er Jahren und ist eng mit der Ausweitung der Birnenproduktion in China verbunden. In Europa herrscht eher Stagnation.

Leider haben in den letzten Jahren Krankheiten, wie der Feuerbrand, und Schädlinge, wie der Birnenblattsauger (*Psylla*), den Anbau von Birnen im Vergleich zum Apfel noch risikoreicher gemacht. So ist es kein Wunder, dass ein steigender Bedarf an Früchten zu verzeichnen ist, der offenbar aus einem Minderangebot zu erklären ist. Verbesserte Lagerbedingungen (CA, ULO), neue Winterbirnensorten und erste feuerbrandwiderstandsfähige Sorten sind gute Vorzeichen, die zweifelsohne existierenden Probleme besser zu beherrschen und wieder mehr Birnen anzubauen.

Einen höheren Anteil als im Erwerbsanbau wird die Birne stets im Kleingarten- und Selbstversorgerbereich einnehmen. Hier ist es möglich, die vorhandene Vielfalt auszuprobieren und auszuleben. So kamen findige Gärtner schon vor Jahrhunderten auf die Idee, Mehrsortenbäume zu pflanzen bzw. sich selbst zu veredeln. Es ist durchaus denkbar, dass diese Art der Platzersparnis und der zeitlich gestaffelten Angebotsgestaltung mit mehreren Sorten, aber in verwertbaren Mengen, schon im Mittelalter bekannt war und in Klostergärten praktiziert wurde. Die heute vielfach gepriesenen „Duobäume“ sind also so neu nicht, wie es mitunter zu lesen ist. Da auch heute die meisten Kleingärtner mit dem Veredlungsmesser umgehen können, liegt es auf der Hand, sich der Vielsortenbäume zu erinnern und das Angebot vor allem an neuen geschmackvollen Sorten unterschiedlichster Reifezeiten aus der Züchtung auf diese Weise selbst auszuprobieren. Anregungen dazu vermittelt das vorliegende Buch.

Wildobstarten

Früchte vieler Wildobstarten (auch „Besondere Obstarten“ oder „Seltene Obstarten“) können mit sehr geringem Pflanzenschutzaufwand in guter Qualität erzeugt werden. Das unterscheidet sie von vielen herkömmlichen Obstarten. Deshalb wurde im vorliegenden Buch diesen Wildobstarten breiter Raum gewidmet. Sie kommen für eine kommerzielle Verwertung und einen Anbau im Bereich Selbstversorger, Kleingarten oder auch Direktvermarkter in Betracht. Die Wildobstarten stellen echte Alternativen zur Sorteneinfalt, wie sie heute leider häufig anzutreffen ist, dar. Die aufgeführten Arten und Sorten mögen dazu viele Anregungen vermitteln.

Steinobst

Aprikosen (*Armeniaca vulgaris* LAM., auch *Prunus armeniaca* L.) stammen aus Mittelasien und Nordchina. Dort wurden mehrere Wildarten gefunden. Kultiviert wird die Aprikose bereits seit etwa 4000 Jahren in China, sowohl als Tafelfrucht als auch als Ziergehölz. Erst relativ spät, etwa im 1. Jahrhundert n. Chr., gelangte die Aprikose über Kleinasien nach Griechenland und Italien, von wo aus sie sich etwa ab dem 16. Jahrhundert in allen wärmeren Gegenden Europas ausbreitete. In Europa und in Deutschland ist ihr Anbau heute auf wenige wärmere Gebiete beschränkt, da sie nur dort ihre volle Fruchtqualität erreicht und vor allem den Frühjahrsfrösten entgeht, so in Rheinhessen, in der Rheinpfalz, am Süßen See bei Halle oder im Elbtal bei Radebeul. Berühmt sind die Aprikosen aus der Wachau.

Heute wird in Ländern, in denen die Aprikose größere Bedeutung besitzt, fleißig gezüchtet, ständig werden neue Sorten auf den Markt gebracht. Deutschland importiert diese und prüft sie auf ihre Eignung unter den gegebenen Bedingungen. Eine kleine Kollektion empfehlenswerter Sorten wird in diesem Buch vorgestellt.

Pfirsiche (*Persica vulgaris* MILL., auch *Prunus persica* L.) gehören zu den ältesten Kulturobstarten. Auch der Pfirsich stammt aus Zentralasien, wo es heute noch zahlreiche Wildvorkommen verschiedener Arten gibt. Man geht davon aus, dass der Pfirsich, ähnlich wie die Aprikose, seit etwa 4000 Jahren kultiviert wird. Der Pfirsich gelangte ebenfalls von Zentralasien entlang der Seidenstraße nach Kleinasien, von dort wurde er durch die Griechen und Römer nach Europa gebracht. Die Römer brachten den Pfirsich auch nach Deutschland, wo er im Taunus bereits im 2. Jahrhundert n. Chr. nachgewiesen worden ist. Im 17. und 18. Jahrhundert war der Pfirsich neben Weintrauben eine beliebte Delikatessfrucht bei Hofe, von wo aus sich die Anbaukultur weiter verbreitete. Hauptanbauländer sind heute Kalifornien, Südeuropa und China, wo auch die züchterischen Aktivitäten konzentriert sind.

Über die Herkunft der europäischen **Pflaume** (*Prunus domestica* L.) bestehen heute noch unterschiedliche Auffassungen. Wahrscheinlich stammt sie aus dem nördlichen Kaukasus oder/und dem Altaigebiet. Dort gibt es heute noch zahlreiche Wildvorkommen, die diese Annahme stützen. Unsere Hauspflaume ist offenbar ein natürlicher Bastard zwischen der Schlehe (*Prunus spinosa* L.) und der Myrobalane (*Prunus cerasifera* EHRH.). Kultiviert wird sie seit über 2500 Jahren in Griechenland, es gibt aber Vermutungen, dass bereits vor etwa 5000 Jahren in Europa primitive Formen der Pflaume angebaut wurden. Die mehr oder minder großfrüchtigen Kulturpflaumen gelangten durch die Römer nach Deutschland und Frankreich. Hier entwickelten sich im 18. und 19. Jahrhundert typische Anbaugebiete, so z. B. das Bühler Gebiet oder Thüringen, wo vor allem die Hauspflaume angebaut wurde.

Gegenwärtig werden Pflaumen in vielen Ländern angebaut und gezüchtet. Die Verwendung der Früchte ist vielseitig, ihre diätetische Wirkung unumstritten. Die Bemü-

hungen, gegen Scharka resistente Sorten zu züchten, waren erstmalig in Deutschland mit der Sorte 'Jojo' von Erfolg gekrönt. Damit ist eine neue Perspektive für den Pflaumenanbau weltweit eröffnet. Im vorliegenden Buch wird bei der Beschreibung der Pflaumensorten ausdrücklich auf deren Verhalten gegenüber der Scharkakrankheit hingewiesen. Da Scharka nicht in allen Gebieten verbreitet ist, sollte man hierzu vor einer Pflanzung genauere Informationen einholen.

Die **Sauerkirsche** (*Cerasus vulgaris* Mill., auch *Prunus cerasus* L.) stammt aus Kleinasien. Sie entstand dort vermutlich durch die natürliche Bastardierung von *Cerasus avium* L., der Vogel-Kirsche, mit der Steppen-Kirsche (*Cerasus fruticosa* Pall.). Sie ist in Europa überall verbreitet. Für die Mosterei und die Marmeladenindustrie ist sie die wichtigste Frucht, findet aber auch weitere vielseitige Verwendung. Erst im 19. Jahrhundert wurden die zahlreichen Verwertungsmöglichkeiten entdeckt und es erfolgte eine enorme Ausweitung des Anbaus. Heute leidet die Sauerkirsche an einer permanenten Überproduktion in Europa. Wenn man von Sauerkirschen spricht, ist in den meisten Fällen von der 'Schattenmorelle' die Rede, von der es zwar inzwischen viele Typen und Verbesserungen gibt, die aber trotzdem mit zahlreichen Mängeln behaftet ist. Deshalb wird in vielen Züchtungsstationen versucht, diese Sorte weiter zu optimieren oder Sauerkirschensorten mit anderen Eigenschaften zu züchten. Einige neue Sorten werden im Buch entsprechend beschrieben.

Auch die **Süßkirsche** (*Cerasus avium* (L.) Moench, auch *Prunus avium* L.) ist in Kleinasien und im Kaukasus beheimatet. Vermutlich ging sie den gleichen Weg wie die Sauerkirsche, indem durch die Gärtner der frühen Hochkulturen großfrüchtige und wohlschmeckende Formen unter den Wildbeständen in den Mischwäldern Südeuropas selektiert und weitervermehrt wurden. Die Entwicklung führte in den letzten 100 Jah-

ren zu Regionalsortimenten mit mehr oder weniger fließenden Grenzen, die an spezifische Boden- und Witterungsbedingungen gut angepasst sind (z.B. im Alten Land). Neuere Entwicklungen gehen hin zu mehr großfrüchtigen Sorten und vor allem zu selbstfertilen Sorten. Neue Sorten und zahlreiche einschneidende technologische Veränderungen (Überdachung, schwach wachsende Unterlagen) machen den Anbau heute sicherer und auch für den Erwerbsanbau lukrativer. Auch der Kleingärtner profitiert davon, sodass sich Süßkirschen derzeit im Aufwind befinden. Neben alten bewährten werden im Buch auch einige neue selbstfertile Sorten vorgestellt, die den Fortschritt im Süßkirschenanbau dokumentieren.

Strauchbeerenobst

Brombeeren (*Rubus fruticosus* L., heute verschiedenen Unterarten zugeordnet) kommen in vielen gebirgigen Gegenden Europas und Amerikas wild vor. Sie wurden bereits im Altertum gesammelt und durch Auslese großfrüchtiger Formen zu Kulturpflanzen entwickelt. Es gibt in Europa und Nordamerika zahlreiche Arten, deren Früchte verwertbar sind. Kreuzungen untereinander und mit Arten führten zu interessanten Arthybriden, wie Taybeere, Loganbeere oder Boysenbeere. Es würde zu weit führen, diese alle in dem vorliegenden Buch zu beschreiben. Neue Sorten sollen vor allem weniger Stacheln, bessere Frostresistenz und höheren Ertrag bringen. Meist wird dann das volle Aroma der Wildbrombeere nicht erreicht. Im Buch werden einige Sorten vorgestellt, die unterschiedlicher botanischer Herkunft sind.

Ihre Verwertungsmöglichkeiten sind recht vielfältig. Im Kleingarten oder bei Direktvermarktern sind sie wohl am ehesten willkommen.

Himbeeren (*Rubus idaeus* L.) sind ebenso wie Brombeeren Wildfrüchte, die seit jeher gesammelt worden sind und durch Auslese zu Kultursorten entwickelt wurden. Die Herkunft der Himbeere ist nicht ganz geklärt. Man ist heute der Auffassung, dass sie aus dem türkischen Hochland stammt und von dort durch die Griechen und Römer nach Europa gebracht wurde. Die meisten Himbeersorten sind heute Arthybriden. Erkennbar ist die züchterische Vielfalt auch daran, dass es neben den rotfrüchtigen Sorten auch gelb- und rosafrüchtige gibt. Wie bei Brombeeren, lässt auch bei Himbeeren die genetische Vielfalt zahlreiche Möglichkeiten der Verbesserung der zurzeit existierenden Sorten zu, sodass ständig neue Sorten mit neuen Eigenschaften zu erwarten sind.

Stachelbeeren (*Ribes uva-crispa* L.) gehören nicht zu den Rosaceen, sondern sind Steinbrechgewächse (Saxifragaceae). Sie kommen wild in den Wäldern Europas von Spanien bis zum Kaukasus vor. In Nordamerika wurden wild wachsend vor allem mehltauresistente Formen gefunden, die heute als Ausgangsmaterial für die Resistenzzüchtung genutzt werden (*R. hirtellum, R. cynosbati*). Als Kulturpflanze wurde die Stachelbeere etwa im 17. Jahrhundert in England weiterentwickelt. Mitte des 19. Jahrhunderts wurden in Deutschland nahezu 1000 Sorten genannt! Die Vielfalt ist heute noch an der Farbe der Sorten gut zu erkennen: Es gibt gelb-, grün- und rotfrüchtige Sorten mit allen Übergängen. Die Zukunft dürfte vor allem den resistenten Sorten gehören.

Auch die **Johannisbeere** gehört zur Gattung *Ribes*. Sie hat mehrere Untergattungen, u.a. *Ribesia*, zu der die Roten und Weißen Johannisbeeren gerechnet werden, und *Coreosma*, zu der die Schwarzen Johannisbeeren gehören. Die heutigen Sorten werden unter der Sammelbezeichnung *Ribes rubrum* L. geführt (SILBEREISEN et al. 1996). Die meisten Sorten sind Kreuzungsprodukte innerhalb der Arten. Die schwarzfrüchtigen Sorten gehen auf *Ribes nigrum* zurück. Auch hier gibt es bereits interspezifische Kreuzungen. Als Kulturpflanzen sind Johannisbeeren etwa seit 600 Jahren bekannt. Der hohe diätetische Wert der Früchte wird heute hoch geschätzt und findet im stabilen Anbauumfang der letzten Jahre seinen Niederschlag.

Erdbeere

Bereits 200 v. Chr. sollen die Römer Erdbeeren kultiviert haben. Es handelte sich um die Wald-Erdbeere, *Fragaria vesca* L., die heute noch an vielen Stellen Europas wild vorkommt. Die Früchte waren klein, aber sehr aromatisch. Eine weitere Art, *Fragaria moschata* WESTON, kommt vor allem in Osteuropa wild vor und wurde im 17. Jahrhundert kultiviert. Heute gibt es davon keine Sorten mehr. *Fragaria virginiana* MILL., die Scharlach- oder Himbeer-Erdbeere, wurde im 17. Jahrhundert von Nordamerika nach Frankreich gebracht, von der es auf Grund der relativ großen Früchte und des guten Geschmacks um 1820 etwa 70 Sorten gab. Zur gleichen Zeit wurden aus Chile einige Pflanzen der Chile-Erdbeere, *Fragaria chiloensis* (L.) MILL., nach Frankreich gebracht. Diese Pflanzen waren zwar trockenresistent, aber frostempfindlich und befriedigten oft nicht im Ertrag. Erst als beide Arten mehr zufällig in Mischpflanzungen zusammengepflanzt wurden, bemerkte man, dass Sämlinge der Hybriden größere rote Früchte brachten, die auch interessant im Geschmack waren. Auf diese Weise entstand um 1750 die heutige Garten-Erdbeere, *Fragaria* × *ananassa* DUCHESNE. Der lateinische Name erklärt sich aus der Tatsache, dass die Holländer die neue Art Ananas-Erdbeere nannten.

Aus dem riesigen Spektrum der existierenden Sorten konnten vergleichsweise nur wenige in das Buch aufgenommen werden, diese können aber heute allgemein empfohlen werden. Gerade bei Erdbeeren sind sehr schnell neue Sorten am Markt zu erwarten, sodass eine ständige Information über Neuheiten zu empfehlen ist. Dies gilt übrigens für alle im Buch behandelten Obstarten in gleicher Weise.

Sortenbeschreibungen

Symbole

Folgende Symbole wurden verwendet, um eine schnelle Orientierung für die vorrangige Verwendung der Sorten zu ermöglichen:

- Brennsorte
- Erwerbsanbau; Tafelsorte
- Hausgarten; Selbstversorger; Liebhabersorte
- Mostobstsorte; Sorte für industrielle Verarbeitung
- Ökoanbau; Bioanbau
- Streuobst; Landschaftsgehölz
- Wildart
- Zierform

* Bei Birnensorten werden in den Beschreibungen nur Kurzformen der Namen verwendet (ab Seite 40).

** Süßkirschensorten mit gleichen S-Allelen sind untereinander unfruchtbar. S_4' bedeutet, dass dieses Allel mutiert ist und dadurch Selbstbestäubung ermöglicht (ab Seite 82).

A	Anfang
E	Ende
M	Mitte
I–XII	Monatsnamen

Malus orientalis
Orientalischer Apfel, Kaukasus-Apfel

Vorkommen: Nordanatolien, Nordiran, Kaukasus, Bergwälder, Waldrand, Flussufer
Beziehung zur Kulturform: Neben *M. sieversii* zweitwichtigster Vorfahre des Kulturapfels, jedoch von geringerem Einfluss als *M. sieversii*, natürliche Einkreuzung entlang der historischen Seidenstraße
Verwendung: Früchte z.T. in verarbeiteter Form genutzt, Sämlinge als Unterlage für Kulturäpfel
Resistenzen: Anfällig für Schorf, Feuerbrand, je nach Herkunft auch für Mehltau
Wuchs: Baum, 9 bis 12 m hoch, meist ohne Dornen
Frucht: Kugelig, 20 bis 30 mm Durchmesser, Kelch haftend, kurze, 10 bis 25 mm lange, dicht behaarte Stiele, süß bis sauer, oft bitter und adstringierend

Malus sieversii
Sievers' Apfel, Altai-Apfel

Vorkommen: Zentralasien von Tadschikistan über Kirgisien, Kasachstan bis Westchina, Bergwälder (800 bis 2000 m über NN), Böschungen, Flusstäler
Beziehung zur Kulturform: Wichtigster Vorfahre des Kulturapfels, durch ständige Auslese sowie generative bzw. vegetative Vermehrung zum Kulturapfel entwickelt
Verwendung: Obstnutzung und als Veredlungsunterlage
Resistenzen: Anfällig für Schorf und Mehltau, Resistenzen gegen Schorf, Mehltau, Feuerbrand, Kälte und Trockenheit wurden gefunden
Wuchs: Baum, 2 bis 10 (14) m hoch, meist bedornt, viele Wurzelschosser
Frucht: Sehr variabel, etwa 35 bis 60 mm Durchmesser, kugelig bis leicht länglich, gelb bis rot, meist genießbar, sauer, süß, auch bitter und adstringierend, Stiel gleich oder länger als Frucht

Ahrista

Synonyme: Keine
Herkunft: 'Elstar' × TSR 15T3 (F_3 von *Malus floribunda* 821/V_f)
Verwendung: Tafelsorte, Verarbeitung
Anbaueignung: Für alle Apfellagen
Wuchs: Stark wie 'Elstar', gut verzweigt
Unterlagen: M 9, M 26, Supporter 4, MM 106 für Viertel- oder Halbstamm
Befruchtung: Diploid, Befruchter u.a. 'Golden Delicious', 'Idared', 'James Grieve', 'Pinova', 'Rewena'
Ertrag: Mittelhoch, regelmäßig
Frucht: Mittelgroß bis groß, attraktiv, süß mit ausgewogener Säure, saftig, aromatisch, pflückreif M IX, folgernd, genussreif von Ernte bis E X
Resistenzen: Schorf (Resistenz nicht stabil), anfällig für Mehltau, Feuerbrand, Spinnmilben und Holzfrost, gering empfindlich für Blütenfrost
Anbauhinweise: Selbstversorger- und Liebhaberanbau; EU-Sortenschutz

Albrechtapfel

Synonym: 'Prinz Albrecht von Preußen'
Herkunft: 'Kaiser Alexander' frei abgeblüht
Verwendung: Tafelsorte, für Verarbeitung geeignet, Streuobst
Anbaueignung: Für alle Apfellagen, auch in Höhenlagen
Wuchs: Mittelstark bis stark, später im Wuchs nachlassend, gut verzweigt
Unterlagen: M 26 bis Sämling (Streuobst), MM 106 für Viertel- oder Halbstamm
Befruchtung: Diploid, Befruchter u.a. 'Croncels', 'Golden Delicious', 'Goldparmäne', 'Idared', 'James Grieve'
Ertrag: Früh bis mittelfrüh, regelmäßig, hoch
Frucht: Mittel bis groß, Geschmack fein süßsäuerlich, mild, pflückreif IX, genussreif ab Ernte bis XI
Resistenzen: Robust, kaum Schorf oder Mehltau, frostresistent, feuerbrandanfällig
Anbauhinweise: Sichere Massenträgersorte für Streuobst und Liebhaberanbau

Alkmene

Synonyme: Keine
Herkunft: 'Oldenburg' × 'Cox Orange'
Verwendung: Tafelsorte
Anbaueignung: Für alle spätfrostsicheren Apfellagen
Wuchs: Mittelstark bis stark, später im Wuchs nachlassend, gut verzweigt
Unterlagen: M 9, M 26 für gute Fruchtqualität, MM 106 für Viertel- oder Halbstamm
Befruchtung: Diploid, Befruchter u. a. 'Auralia', 'Carola', 'Cox Orange', 'Golden Delicious', 'Idared', 'James Grieve', 'Pinova', 'Piros'
Ertrag: Hoch, regelmäßig, Alternanz möglich
Frucht: Mittelgroß, Geschmack fein süßsäuerlich, kräftiges Aroma, pflückreif IX, genussreif ab Ernte bis XI, XII
Resistenzen: Robust, wenig Schorf und Mehltau, blütenfrost-, monilia- und feuerbrandempfindlich
Anbauhinweise: Intensiv- und Liebhaberanbau, Bioanbau, nicht für Streuobst

Ananasrenette

Synonym: 'Ananas Reinette'
Herkunft: Unbekannt, Zufallssämling
Verwendung: Verarbeitungs- und Tafelsorte, alte Wintersorte
Anbaueignung: Nur in guten Apfellagen
Wuchs: Schwach und buschig, viel kurzes Fruchtholz
Unterlagen: M 26 und stärker, auf Sämling sehr kleine Früchte
Befruchtung: Diploid, Befruchter u. a. 'Baumann', 'Cox Orange', 'Croncels', 'Goldparmäne', 'James Grieve'
Ertrag: Früh, mittel, neigt zu Alternanz
Frucht: Klein, Geschmack süßsäuerlich, pflückreif IX, genussreif ab X bis II
Resistenzen: Schorf, empfindlich für Blutläuse, Mehltau, Krebs und Feuerbrand
Anbauhinweise: Liebhaberanbau, nicht für Streuobst, kurzzeitig hoher Zierwert

Angold

Synonyme: Keine
Herkunft: 'Antonowka' × 'Golden Delicious'
Verwendung: Tafelsorte, auch für Verarbeitung geeignet
Anbaueignung: Für alle Apfellagen
Wuchs: Mittelstark, aufrecht, gut verzweigt
Unterlagen: M 9, M 26, MM 106 für Viertel- oder Halbstamm
Befruchtung: Diploid, Befruchter u.a. 'Golden Delicious', 'Idared', 'James Grieve', 'Pinova', 'Topaz'
Ertrag: Mittelfrüh, mittelhoch
Frucht: Groß, Geschmack süß mit ausgewogener Säure, saftig, aromatisch, pflückreif M IX, genussreif X bis I
Resistenzen: Schorf, anfällig für Mehltau, Feuerbrand, Spinnmilben
Anbauhinweise: Erwerbs-, Selbstversorger- und Liebhaberanbau, Streuobst; Sortenschutz in mehreren Ländern

Baumanns Renette

Synonyme: 'Baumann', 'Rote Winterrenette', 'Rote Renette', 'Winterrenette'
Herkunft: Unbekannt, Zufallssämling
Verwendung: Alte Tafelsorte, Verarbeitung
Anbaueignung: Nur für gute Apfellagen, nicht in nassen oder Frostlagen
Wuchs: Mittelstark bis stark, gut verzweigt
Unterlagen: M 26 bis Sämling (Streuobst)
Befruchtung: Diploid, Befruchter u.a. 'Croncels', 'Golden Delicious', 'Goldparmäne', 'Idared', 'James Grieve'
Ertrag: Meist hoch, regelmäßig
Frucht: Mittel bis groß, Geschmack nur mäßig, pflückreif X, genussreif ab XII bis III
Resistenzen: Anfällig für Schorf, Krebs, Blutlaus, Holzfrost, Feuerbrand
Anbauhinweise: Streuobst, Liebhaberanbau, früher oft in Bauerngärten

Berlepsch

Synonyme: 'Berlepschs Goldrenette', 'Freiherr von Berlepsch' u.a.
Herkunft: 'Ananasrenette' × 'Ribston Pepping'
Verwendung: Eine der besten alten Tafelsorten, Verarbeitung
Anbaueignung: Nur für gute Apfellagen, nicht in Frostlagen
Wuchs: Stark, gut verzweigt
Unterlagen: M 9 (Erwerbsanbau) bis Sämling (Streuobst)
Befruchtung: Diploid, Befruchter u.a. 'Cox Orange', 'Golden Delicious', 'Goldparmäne', 'Idared', 'James Grieve', 'Weißer Klar' u.a.
Ertrag: Mittelfrüh, mittel, alternierend
Frucht: Mittelgroß bis klein, Geschmack feinwürzig süßsäuerlich, aromatisch, pflückreif M X, genussreif ab XI bis III
Resistenzen: Wenig Schorf, Mehltau, Holz- und Blütenfrost, anfällig für Krebs, Kragenfäule und Feuerbrand
Anbauhinweise: Liebhaberanbau, Streuobst, auch für Erwerbsanbau

Boskoop

Synonyme: 'Belle de Boskoop', 'Reinette von Montfort', 'Schöner von/aus Boskoop'
Herkunft: Unbekannt
Verwendung: Häusliche Verarbeitung, Tafelsorte, Brennen
Anbaueignung: Nicht zu trockene Apfellagen, bis in mittlere Höhenlagen
Wuchs: Sehr stark, gut verzweigt
Unterlagen: Nur M 9, für Streuobst MM 106 bis Sämling
Befruchtung: Triploid, kein guter Pollenspender, Befruchter u.a. 'Alkmene', 'Baumann', 'Carola', 'Cox Orange', 'Idared', 'James Grieve'
Ertrag: Hoch, alternierend (außer auf M 9)
Frucht: Groß, Geschmack angenehm säuerlich süß, aromatisch, pflückreif M X, genussreif bis IV
Resistenzen: Wenig Mehltau und Feuerbrand, empfindlich für Holz- und Blütenfrost, Schorf
Anbauhinweise: Erwerbs- und Liebhaberanbau, Streuobst

Braeburn

Synonym: 'Braeborn', zahlreiche Mutanten
Herkunft: 'Lady Hamilton' frei abgeblüht
Verwendung: Tafelsorte
Anbaueignung: Für gute Apfellagen in wärmeren Gebieten, benötigt lange Vegetationszeit!
Wuchs: Schwach, gut verzweigt
Unterlagen: M 9, M 26, Supporter 4
Befruchtung: Diploid, Befruchter u. a. 'Elstar', 'Fuji', 'Gala', 'Golden Delicious', 'Idared', 'Pinova', 'Retina', 'Rewena'
Ertrag: Hoch, regelmäßig
Frucht: Mittelgroß bis groß, Geschmack fein süßsäuerlich, kräftiges Aroma, pflückreif E X, A XI, genussreif ab XII bis V
Resistenzen: Empfindlich für Schorf, Mehltau, Blütenfrost, Feuerbrand, Rote Spinne
Anbauhinweise: Intensivanbau in warmen Lagen; Sortenschutz weltweit

Carola

Synonym: 'Kalco'
Herkunft: 'Cox Orange' frei abgeblüht
Verwendung: Tafelsorte
Anbaueignung: Für alle Apfellagen bis in mittlere Höhenlagen
Wuchs: Mittelstark bis schwach, gut verzweigt
Unterlagen: M 9, M 26, MM 106 für Viertel- oder Halbstamm
Befruchtung: Diploid, Befruchter u. a. 'Auralia', 'Cox Orange', 'Golden Delicious', 'Idared', 'James Grieve', 'Oldenburg', 'Pinova', 'Piros'
Ertrag: Hoch, Alternanz möglich
Frucht: Mittelgroß bis groß, Geschmack fein süßsäuerlich, mildes, angenehmes Aroma, pflückreif IX, genussreif ab Ernte bis XI
Resistenzen: Robust, wenig Mehltau, schorf- und feuerbrandempfindlich
Anbauhinweise: Intensiv- und Liebhaberanbau, Kleingarten, nicht für Streuobst

Cox Orange

Synonyme: 'Cox Orangenrenette', 'Cox's Orange Pippin'
Herkunft: 'Ribston Pepping' × 'Blenheim'
Verwendung: Tafelsorte, auch zum Brennen
Anbaueignung: Sehr gute Apfellagen in feuchten, maritimen Gebieten
Wuchs: Anfangs stark, später mittel mit guter Verzweigung
Unterlagen: M 9, M 26
Befruchtung: Diploid, Befruchter u. a. 'Alkmene', 'Berlepsch', 'Carola', 'Elstar', 'Gala', 'Golden Delicious', 'Goldparmäne', 'Idared'
Ertrag: Nur an optimalen Standorten hoch, sonst mittel, alternierend
Frucht: Mittelgroß bis klein, Geschmack würzig süßsäuerlich, hoch aromatisch, pflückreif E IX, genussreif X bis III
Resistenzen: Anfällig für Schorf, Mehltau, Holz- und Blütenfrost, Krebs, Blutläuse, Feuerbrand und Kragenfäule
Anbauhinweise: Erwerbsanbau, nur für erfahrene Selbstversorger

Delbarestivale

Synonym: 'Delcorf', zahlreiche Mutanten
Herkunft: 'Stark Jon Grimes' × 'Golden Delicious'
Verwendung: Frühe Tafelsorte
Anbaueignung: Für gute Apfellagen, hohe Standortansprüche
Wuchs: Stark, gut verzweigt
Unterlagen: M 9, M 26, Supporter 4
Befruchtung: Diploid, Befruchter u. a. 'Cox Orange', 'Discovery', 'Elstar', 'Florina', 'Golden Delicious', 'Idared', 'Pinova', 'Retina'
Ertrag: Mittel, stark alternierend, Ausdünnung erforderlich
Frucht: Mittelgroß bis groß, Geschmack süßsäuerlich, kräftiges Aroma, pflückreif E VIII, genussreif ab Ernte bis X
Resistenzen: Empfindlich für Schorf, Mehltau, Blütenfrost, Feuerbrand und Rote Spinne
Anbauhinweise: Intensivanbau und erfahrene Kleinanbauer; EU-Sortenschutz

Dülmener Rosenapfel

Synonyme: 'Dülmener Herbstrosenapfel', 'Herbstrosenapfel', 'Rosenapfel'
Herkunft: 'Gravensteiner' frei abgeblüht
Verwendung: Alte Tafelsorte, Verarbeitung
Anbaueignung: In allen, auch weniger günstigen Lagen
Wuchs: Mittelstark, gut verzweigt
Unterlagen: M 26 bis Sämling (Streuobst)
Befruchtung: Diploid, Befruchter u. a. 'Golden Delicious', 'Goldparmäne', 'James Grieve', 'Oldenburg', 'Weißer Klar'
Ertrag: Nur mittel, stark alternierend
Frucht: Groß, Geschmack süßsäuerlich, mildes Aroma, pflückreif IX, genussreif bis XI
Resistenzen: Wenig Schorf, Mehltau, Blutlaus, Holzfrost, empfindlich für Blütenfrost und Feuerbrand
Anbauhinweise: Streuobst, Liebhaberanbau

Elstar

Synonyme: Keine, zahlreiche Mutanten
Herkunft: 'Golden Delicious' × 'Ingrid Marie'
Verwendung: Tafelsorte
Anbaueignung: Für gute Apfellagen
Wuchs: Stark, sehr stark verzweigt
Unterlagen: M 9, nur für Intensivanlagen
Befruchtung: Diploid, Befruchter u. a. 'Braeburn', 'Cox Orange', 'Florina', 'Fuji', 'Gala', 'Golden Delicious', 'Pilot', 'Pinova', 'Retina', 'Rubinette'
Ertrag: Hoch, regelmäßig
Frucht: Mittelgroß bis groß, Geschmack fein süßsäuerlich, kräftiges Aroma, edelwürzig, pflückreif E IX, genussreif ab Ernte bis III/IV
Resistenzen: Wenig Schorf und Mehltau, empfindlich für Blütenfrost, Feuerbrand und Rote Spinne
Anbauhinweise: Intensivanbau, erfahrene Selbstversorger; Sortenschutz in mehreren Ländern

Florina

Synonym: 'Querina'
Herkunft: 'Rome Beauty' × *Malus floribunda* 821 (V_f), 5. Rückkreuzung mit 'Jonathan'
Verwendung: Tafelsorte
Anbaueignung: Für alle Apfellagen
Wuchs: Stark, überhängend
Unterlagen: M 9, M 26, Supporter 4
Befruchtung: Diploid, Befruchter u. a. 'Elstar', 'Gala', 'Golden Delicious', 'Goldparmäne', 'James Grieve', 'Pinova', 'Reanda', 'Reglindis', 'Rubinette'
Ertrag: Hoch, regelmäßig
Frucht: Mittelgroß bis groß, Geschmack süßlich bis fad, saftig, wenig aromatisch, pflückreif E IX, genussreif von XI bis III
Resistenzen: Schorf, wenig empfindlich für Feuerbrand, anfällig für Mehltau
Anbauhinweise: Erwerbs-, Selbstversorger- und Liebhaberanbau; EU-Sortenschutz

Fuji

Synonyme: Keine, zahlreiche Mutanten
Herkunft: 'Ralls Janet' × 'Golden Delicious'
Verwendung: Tafelsorte
Anbaueignung: Für gute Apfellagen in wärmeren Gebieten
Wuchs: Schwach bis mittelstark, leicht verkahlend
Unterlagen: M 9, M 26, Supporter 4
Befruchtung: Diploid, Befruchter u. a. 'Braeburn', 'Florina', 'Gala', 'Golden Delicious', 'Idared', 'Pinova', 'Retina'
Ertrag: Hoch bis sehr hoch, ohne Ausdünnung alternierend
Frucht: Groß, Geschmack süßlich bis fad, pflückreif XI, genussreif ab XII bis V
Resistenzen: Empfindlich für Schorf, Mehltau, Blütenfrost, Holzfrost, Feuerbrand und Blutlaus
Anbauhinweise: Intensivanbau in warmen Lagen (Weinbaulagen), keinesfalls für Kleingärtner; Sortenschutz für einige rote Mutanten

Gala

Synonym: ‘Gala Delicious’, zahlreiche Mutanten
Herkunft: ‘Kidds Orange’ × ‘Golden Delicious’
Verwendung: Tafelsorte
Anbaueignung: Für gute Apfellagen
Wuchs: Mittelstark, mitteldichte Verzweigung
Unterlagen: M 9, M 26, Supporter 4
Befruchtung: Diploid, Befruchter u. a. ‘Braeburn’, ‘Cox Orange’, ‘Elstar’, ‘Florina’, ‘Fuji’, ‘Golden Delicious’, ‘Pinova’, ‘Retina’, ‘Rubinette’
Ertrag: Sehr hoch, keine Alternanz
Frucht: Mittelgroß, Geschmack süß, wenig Aroma, pflückreif E IX, genussreif ab X bis III
Resistenzen: Wenig Mehltau, empfindlich für Schorf, Krebs und Feuerbrand
Anbauhinweise: Intensivanbau, nicht für Kleingärtner; rote Mutanten haben Sortenschutz

Gerlinde

Synonyme: Keine
Herkunft: TSR 15T3 (F_3 von *Malus floribunda* 821/V_f) × ‘Elstar’
Verwendung: Tafelsorte, auch für Verarbeitung
Anbaueignung: Für alle Apfellagen
Wuchs: Stark, neigt später zur Verkahlung
Unterlagen: M 9, M 26, Supporter 4, MM 106 für Viertel- oder Halbstamm
Befruchtung: Diploid, Befruchter u. a. ‘Florina’, ‘Gala’, ‘Golden Delicious’, ‘Pinova’
Ertrag: Mittelhoch bis hoch, neigt zu Alternanz
Frucht: Nur mittelgroß bis klein, Geschmack süßsäuerlich mit ausgewogener Säure, saftig, aromatisch, pflückreif A bis M IX, folgernd, genussreif von Ernte bis XI
Resistenzen: Schorf (nicht stabil), anfällig für Mehltau und Feuerbrand
Anbauhinweise: Kleingarten, Liebhaberanbau, evtl. Streuobst; EU-Sortenschutz

Golden Delicious

Synonym: 'Gelber Köstlicher', zahlreiche Mutanten, auch Spurtyp-Mutanten
Herkunft: 'Grimes Golden' × 'Golden Renette'
Verwendung: Tafelsorte
Anbaueignung: Für gute Apfellagen
Wuchs: Schwach bis mittelstark, gut verzweigt
Unterlagen: M 9, M 26, Supporter 4
Befruchtung: Diploid, Befruchter u.a. 'Alkmene', 'Cox Orange', 'Elstar', 'Florina', 'Fuji', 'Gala', 'Goldparmäne', 'Pilot', 'Pinova', 'Retina', 'Rewena'
Ertrag: Sehr hoch, regelmäßig, in älteren Anlagen Alternanz möglich
Frucht: Mittelgroß bis groß, Geschmack fein süß bis süßsäuerlich, mildes Aroma, pflückreif A X, genussreif ab XI bis IV
Resistenzen: Wenig Feuerbrand, empfindlich für Schorf und Mehltau
Anbauhinweise: Intensivanbau, nicht für Kleingärtner; Sortenschutz für zahlreiche Mutanten

Goldparmäne

Synonyme: 'Wintergoldparmäne', 'King of the Pippins', 'Reine des Reinettes', 'Goldrenette' u.a.
Herkunft: Unbekannt, Zufallssämling
Verwendung: Alte Tafelsorte, Verarbeitung
Anbaueignung: Nur für gute Apfellagen
Wuchs: Mittelstark bis stark
Unterlagen: M 9, M 26, MM 106 für Halbstämme, Sämling für Hochstamm
Befruchtung: Diploid, Befruchter u.a. 'Alkmene', 'Berlepsch', 'Carola', 'Cox Orange', 'Florina', 'Golden Delicious', 'Idared', 'James Grieve'
Ertrag: Mittel, oft alternierend
Frucht: Mittel bis groß, Geschmack fein süßsäuerlich, aromatisch, pflückreif M IX, genussreif ab X bis II
Resistenzen: Anfällig für Schorf, Mehltau, Blutlaus, Holzfrost, Feuerbrand, Krebs
Anbauhinweise: Liebhaberanbau, Streuobst

Grahams Jubiläumsapfel

Synonyme: 'Graham', 'Royal Jubilée'
Herkunft: Unbekannt, Zufallssämling
Verwendung: Alte Wirtschafts- und Tafelsorte, Verarbeitung
Anbaueignung: Sehr robust, für alle Apfellagen, auch in Höhenlagen
Wuchs: Stark bis mittelstark
Unterlagen: M 9, M 26, MM 106 bis Sämling (Streuobst)
Befruchtung: Diploid, Befruchter u.a. 'Rote Sternrenette', 'Roter Trierer Weinapfel'
Ertrag: Mittelhoch, oft alternierend
Frucht: Groß, Geschmack mild süßsäuerlich, schwaches Aroma, pflückreif IX, genussreif ab X bis XII
Resistenzen: Sehr frostfest und blütenfrostresistent, wenig Schorf und Mehltau, feuerbrandanfällig
Anbauhinweise: Liebhaberanbau, Streuobst in windgeschützten Lagen

Gravensteiner

Synonyme: 'Grafenapfel' (Württemberg), 'Haferapfel' (Hannover), 'Ernteapfel' (Elsass), 'Blumencalvill' (Bayern) u.a.
Herkunft: Unbekannt, Zufallssämling
Verwendung: Eine der besten Sommersorten
Anbaueignung: Nur für beste Apfellagen, pflegeintensiv
Wuchs: Sehr stark, gut verzweigt
Unterlagen: M 9, M 26, für Halb- oder Hochstämme MM 106 bis Sämling
Befruchtung: Triploid, als Bestäuber ungeeignet, Befruchter u.a. 'Baumann', 'Golden Delicious', 'Goldparmäne', 'Pinova', 'Weißer Klar'
Ertrag: Mittel, oft alternierend
Frucht: Groß, Geschmack kräftig süßsäuerlich mit edlem Aroma, pflückreif E VIII bis A IX, genussreif bis X
Resistenzen: Anfällig für Schorf, Mehltau, Krebs, Holzfrost, Feuerbrand
Anbauhinweise: Erwerbs- und Liebhaberanbau, Streuobst

Idared

Synonyme: Keine
Herkunft: 'Jonathan' × 'Wagenerapfel'
Verwendung: Tafelsorte
Anbaueignung: Für gute Apfellagen in nicht zu kühlen Gebieten
Wuchs: Schwach, gut verzweigt
Unterlagen: M 9, M 26, Supporter 4
Befruchtung: Diploid, Befruchter u. a. 'Gala', 'Golden Delicious', 'Pilot', 'Pinova', 'Piros', 'Reglindis', 'Rewena', 'Rubinette', 'Weißer Klar'
Ertrag: Sehr hoch, regelmäßig, keine Alternanz
Frucht: Groß, Geschmack schwach süß bis süßsäuerlich, geringes Aroma, pflückreif E IX, A X, genussreif ab XII bis V
Resistenzen: Wenig Schorf, empfindlich für Mehltau, Feuerbrand, Blütenfrost
Anbauhinweise: Intensivanbau in guten Apfellagen, Liebhaber

James Grieve

Synonyme: 'Frühe Cox Orangenrenette', 'Grieve'
Herkunft: 'Potts Sämling' frei abgeblüht
Verwendung: Tafelsorte
Anbaueignung: Für alle Apfellagen bis in mittlere Höhenlagen
Wuchs: Mittelstark, mittel bis gut verzweigt
Unterlagen: M 9, M 26, MM 106 für Viertel- oder Halbstamm
Befruchtung: Diploid, Befruchter u. a. 'Berlepsch', 'Cox Orange', 'Elstar', 'Golden Delicious', 'Goldparmäne', 'Idared', 'Oldenburg', 'Pinova'
Ertrag: Hoch bis sehr hoch, keine Alternanz
Frucht: Mittelgroß bis groß, Geschmack fein süßsäuerlich, mildes, angenehmes Aroma, pflückreif IX, genussreif ab Ernte bis X
Resistenzen: Wenig Schorf, empfindlich für Mehltau, Krebs, Kragenfäule, Blutlaus, Feuerbrand
Anbauhinweise: Intensiv-, Selbstversorger- und Liebhaberanbau, Streuobst

Jonagold

Synonyme: Keine, Sorte mit den meisten Mutanten weltweit
Herkunft: 'Golden Delicious' × 'Jonathan'
Verwendung: Tafelsorte
Anbaueignung: Für gute Apfellagen in wärmeren Gebieten
Wuchs: Stark, hängende Verzweigung
Unterlagen: M 27, M 9
Befruchtung: Triploid, als Bestäuber ungeeignet, Befruchter u. a. 'Braeburn', 'Cox Orange', 'Elstar', 'Florina', 'Fuji', 'Gala', 'Idared', 'James Grieve'
Ertrag: Hoch und regelmäßig
Frucht: Groß, Geschmack fein süßsäuerlich, kräftiges Aroma, pflückreif X, genussreif ab XI bis IV
Resistenzen: Empfindlich für Schorf, Mehltau, Blütenfrost, Feuerbrand, Krebs und Winterfrost
Anbauhinweise: Intensivanbau in günstigen Lagen

Kaiser Wilhelm

Synonym: 'Wilhelmapfel'
Herkunft: Wahrscheinlich 'Harberts Renette' frei abgeblüht
Verwendung: Alte Tafelsorte, Verarbeitung
Anbaueignung: Robust, für alle Lagen geeignet
Wuchs: Stark bis sehr stark, gut verzweigt
Unterlagen: M 9, M 26 bis Sämling (Streuobst)
Befruchtung: Triploid, als Bestäuber nicht geeignet, Befruchter u. a. 'Cox Orange', 'Croncels', 'Gelber Edel', 'Goldparmäne', 'Landsberger', 'Ontario'
Ertrag: Mittel, später hoch, alternierend
Frucht: Mittel bis groß, Geschmack kräftig säuerlich süß, schwaches Aroma, pflückreif E IX, genussreif ab XI bis III
Resistenzen: Wenig Schorf, Holzfrost und Blütenfrost, mehltau- und feuerbrandempfindlich
Anbauhinweise: Streuobst, Liebhaberanbau

Ontario

Synonyme: Keine
Herkunft: 'Northern Spy' × 'Wagenerapfel'
Verwendung: Alte Langlager-Tafelsorte, Verarbeitung
Anbaueignung: In allen frostsicheren Lagen
Wuchs: Mittelstark bis schwach, gut verzweigt
Unterlagen: M 9, M 26, MM 106, Sämling für Hochstamm (Streuobst)
Befruchtung: Diploid, Befruchter u. a. 'Baumann', 'Carola', 'Cox Orange', 'Gelber Bellefleur', 'Gelber Edel', 'Golden Delicious', 'James Grieve'
Ertrag: Mittel bis hoch, regelmäßig
Frucht: Groß, Geschmack süßlich, wenig aromatisch, pflückreif X, genussreif ab II bis V
Resistenzen: Blutlaus, wenig Schorf, Mehltau und Feuerbrand, empfindlich für Holzfrost und Krebs
Anbauhinweise: Selbstversorger, Liebhaber, Streuobst, Erwerbsanbau

Pia

Synonyme: Keine
Herkunft: 'Idared' × 'Helios'
Verwendung: Tafelsorte
Anbaueignung: Für alle Apfellagen
Wuchs: Mittelstark, gut verzweigt
Unterlagen: M 9, M 26, MM 106 für Viertelstamm
Befruchtung: Diploid, Befruchter u. a. 'Carola', 'Golden Delicious', 'Piflora', 'Pilot', 'Pinova', 'Pirella', 'Piros', 'Rebella', 'Rewena'
Ertrag: Hoch und regelmäßig
Frucht: Groß, Geschmack kräftig süßsäuerlich, mildes Aroma, pflückreif E VIII, genussreif ab Ernte bis A X
Resistenzen: Wenig Schorf, Mehltau, Blüten- und Holzfrost, feuerbrandanfällig
Anbauhinweise: Intensivanbau, Selbstversorger, sehr gut im Kleingarten, nicht für Streuobst; Sortenschutz

Piflora

Synonyme: Keine
Herkunft: 'Idared' × 'Golden Delicious'
Verwendung: Tafelsorte
Anbaueignung: Für alle Apfellagen
Wuchs: Mittelstark, gut verzweigt, lockere Krone
Unterlagen: M 9, M 26, MM 106 für Viertelstamm
Befruchtung: Diploid, Befruchter u.a. 'Golden Delicious', 'Pia', 'Pilot', 'Pingo', 'Pinova', 'Pirella', 'Piros', 'Rebella', 'Reglindis', 'Rewena'
Ertrag: Hoch und regelmäßig
Frucht: Groß, Geschmack kräftig süßsäuerlich, starkes Aroma, pflückreif E IX, genussreif ab X bis II
Resistenzen: Wenig Schorf und Mehltau, feuerbrandanfällig
Anbauhinweise: Intensivanbau, Selbstversorger, sehr gut im Kleingarten, nicht für Streuobst; Sortenschutz

Pilot

Synonyme: Keine
Herkunft: 'Clivia' × 'Undine'
Verwendung: Tafelsorte für Langzeitlagerung, Verarbeitung
Anbaueignung: Für alle Apfellagen
Wuchs: Mittelstark bis schwach, gut verzweigt
Unterlagen: M 9, M 26, Supporter 4
Befruchtung: Diploid, Befruchter u.a. 'Golden Delicious', 'Idared', 'Pinova', 'Pirella', 'Piros', 'Rebella', 'Reglindis', 'Remo', 'Renora'
Ertrag: Hoch und regelmäßig, Alternanz möglich
Frucht: Mittelgroß, Geschmack kräftig süßsäuerlich, sehr starkes Aroma, fest, pflückreif A X, genussreif ab II bis VI
Resistenzen: Wenig Schorf und Mehltau, feuerbrandanfällig
Anbauhinweise: Intensiv-, Selbstversorger- und Liebhaberanbau, Bioanbau, nicht für Streuobst; Sortenschutz in mehreren Ländern

Pink Lady

Synonym: 'Cripps Pink' (Sortenname)
Herkunft: 'Lady Williams' × 'Golden Delicious'
Verwendung: Tafelsorte
Anbaueignung: Nur für warme Apfellagen mit sehr langer Vegetationszeit
Wuchs: Stark, gut verzweigt
Unterlagen: M 9, M 26
Befruchtung: Diploid, Bestäuber in Deutschland noch nicht geprüft
Ertrag: Meist hoch und regelmäßig
Frucht: Mittelgroß, Geschmack süß, wenig Aroma, pflückreif E XI in Deutschland, genussreif ab II bis V
Resistenzen: Anfällig für Schorf, Feuerbrand, Krebs, Mehltau
Anbauhinweise: Intensivanbau; Sortenschutz weltweit

Pinova

Synonym: 'Corail' (nur in Frankreich), erste rote Mutanten vorhanden
Herkunft: 'Clivia' × 'Golden Delicious'
Verwendung: Tafelsorte
Anbaueignung: Für alle Apfellagen mit ausreichender Tag-Nacht-Temperaturdifferenz vor der Ernte
Wuchs: Mittelstark bis schwach
Unterlagen: M 9, M 26, Supporter 4
Befruchtung: Diploid, Befruchter u. a. 'Elstar', 'Gala', 'Golden Delicious', 'Pilot', 'Piros', 'Reanda', 'Rebella', 'Rubinette'
Ertrag: Sehr hoch, regelmäßig, keine Alternanz, ausdünnen!
Frucht: Mittelgroß, Geschmack kräftig süß mit etwas Säure, mildes angenehmes Aroma, pflückreif X, genussreif ab Ernte bis V
Resistenzen: Wenig Schorf, empfindlich für Mehltau, nur mäßig feuerbrandanfällig
Anbauhinweise: Intensivanbau, nur für erfahrene Kleingärtner; EU-Sortenschutz

Piros

Synonyme: Keine
Herkunft: ‘Helios’ × ‘Apollo’
Verwendung: Tafelsorte
Anbaueignung: Für alle Apfellagen
Wuchs: Mittelstark, sehr locker verzweigt
Unterlagen: M 9, M 26, Supporter 4, MM 106
Befruchtung: Diploid, Befruchter u. a. ‘Elstar’, ‘Golden Delicious’, ‘Pilot’, ‘Pinova’, ‘Pirella’, ‘Rebella’, ‘Renora’, ‘Retina’, ‘Rewena’
Ertrag: Anfangs mittel, später hoch
Frucht: Mittel bis groß, Geschmack süß mit ausgewogener Säure, mildes Aroma, pflückreif E VII, genussreif VIII
Resistenzen: Wenig Schorf, anfällig für Mehltau, Krebs, Blütenfrost, Feuerbrand
Anbauhinweise: Intensiv-, Selbstversorger- und Liebhaberanbau, nicht für Streuobst; Sortenschutz in mehreren Ländern

Prinzenapfel

Synonyme: ‘Echter Prinz’, ‘Sommerprinz’, ‘Hasenkopf’, ‘Melonenapfel’, ‘Schlotterapfel’, ‘Walzenapfel’, ‘Ananasapfel’, ‘Klapperapfel’, ‘Haferapfel’, ‘Langapfel’, ‘Schafsnase’ u. v. a.
Herkunft: Unbekannt, Zufallssämling
Verwendung: Alte Tafelsorte, Streuobst
Anbaueignung: Auch für weniger geeignete, aber feuchte Standorte
Wuchs: Mittelstark bis stark
Unterlagen: Für Halb- und Hochstämme Sämling, A 2
Befruchtung: Diploid, Befruchter sind nicht geprüft
Ertrag: Meist hoch, Alternanz möglich
Frucht: Mittel bis groß, Geschmack feinsäuerlich, mildes Aroma, pflückreif E IX, genussreif ab X bis XI
Resistenzen: Allgemein robust, wenig Schorf und Mehltau, blütenfrostresistent, feuerbrandanfällig
Anbauhinweise: Liebhaberanbau, Streuobst in feuchten und rauen Lagen

Rebella

Synonyme: Keine
Herkunft: 'Golden Delicious' × 'Remo'
Verwendung: Tafelsorte, auch für Verarbeitung geeignet
Anbaueignung: Für alle Apfellagen
Wuchs: Schwach bis mittelstark
Unterlagen: M 9, M 26, MM 106 für Viertelstamm
Befruchtung: Diploid, Befruchter u.a. 'Golden Delicious', 'Pia', 'Pingo', 'Pinova', 'Pirella', 'Piros', 'Reglindis', 'Renora', 'Retina', 'Rewena'
Ertrag: Hoch und regelmäßig
Frucht: Mittelgroß bis groß, Geschmack kräftig süßsäuerlich, mittleres Aroma, pflückreif E IX, genussreif ab X bis XII
Resistenzen: Schorf, Mehltau, Feuerbrand, Rote Spinne, Bakterienbrand, bestimmte Blattlausarten, Holzfrost, Schorfresistenz instabil
Anbauhinweise: Intensiv-, Selbstversorger- und Liebhaberanbau, Kleingarten, Bioanbau; EU-Sortenschutz

Regia

Synonyme: Keine
Herkunft: 'Clivia' × Schorfresistenter Zuchtstamm (*Malus pumila*, V_r)
Verwendung: Tafelsorte, Verarbeitung
Anbaueignung: Für alle Apfellagen
Wuchs: Schwach bis mittelstark
Unterlagen: M 9, M 26, MM 106 für Viertelstamm
Befruchtung: Diploid, Befruchter u.a. 'Golden Delicious', 'Piflora', 'Pingo', 'Pinova', 'Pirella', 'Piros', 'Rebella', 'Retina', 'Rewena'
Ertrag: Mittel bis hoch, regelmäßig
Frucht: Groß, Geschmack kräftig süß mit leichter Säure, mittleres Aroma, pflückreif E IX, genussreif ab XI bis II
Resistenzen: Schorf, wenig Mehltau, Feuerbrand, Bakterienbrand, Holzfrost, empfindlich für Spinnmilben und Blütenfrost
Anbauhinweise: Intensivanbau, Selbstversorger, Kleingarten, Bioanbau; Sortenschutz

Reglindis

Synonyme: Keine
Herkunft: 'James Grieve' × Schorfresistenter Zuchtstamm (Antonowka, V_A)
Verwendung: Tafelsorte, Verarbeitung
Anbaueignung: Für alle Apfellagen
Wuchs: Schwach bis mittelstark
Unterlagen: M 9, M 26, MM 106 für Viertelstamm
Befruchtung: Diploid, Befruchter u.a. 'Idared', 'James Grieve', 'Pia', 'Piflora', 'Pinova', 'Prima', 'Reanda', 'Rebella', 'Retina', 'Rewena'
Ertrag: Mittel bis hoch, nicht immer regelmäßig
Frucht: Mittelgroß, Geschmack süßsäuerlich mit angenehmem Aroma, pflückreif A bis M IX, genussreif bis X
Resistenzen: Schorf, wenig Mehltau, Feuerbrand, Holzfrost, Spinnmilben und Blütenfrost
Anbauhinweise: Intensivanbau, Selbstversorger, Bioanbau, Kleingarten; Sortenschutz in mehreren Ländern

Renora

Synonyme: Keine
Herkunft: 'Clivia' × Schorfresistenter Zuchtstamm (*Malus floribunda*, V_f)
Verwendung: Tafelsorte, Verarbeitung
Anbaueignung: Für alle Apfellagen
Wuchs: Schwach bis mittelstark
Unterlagen: M 9, M 26, Supporter 4, MM 106 für Viertelstamm
Befruchtung: Diploid, Befruchter u.a. 'Golden Delicious', 'Idared', 'James Grieve', 'Piflora', 'Pinova', 'Pirella', 'Reanda', 'Rebella', 'Rewena'
Ertrag: Mittel bis hoch, regelmäßig
Frucht: Groß, Geschmack kräftig süßsäuerlich, mittleres Aroma, pflückreif E IX, genussreif ab XII bis IV
Resistenzen: Schorf, wenig Mehltau, Feuerbrand und Holzfrost
Anbauhinweise: Intensiv-, Selbstversorgeranbau, Bioanbau, Kleingarten; EU-Sortenschutz

Resi

Synonyme: Keine
Herkunft: 'Clivia' × Schorfresistenter Zuchtstamm (*Malus floribunda*, V_f)
Verwendung: Tafelsorte
Anbaueignung: Für alle Apfellagen
Wuchs: Schwach
Unterlagen: M 9, M 26, Supporter 4
Befruchtung: Diploid, Befruchter u.a. 'Idared', 'James Grieve', 'Pia', 'Piflora', 'Pingo', 'Pinova', 'Piros', 'Rebella', 'Reglindis', 'Rewena'
Ertrag: Mittel bis hoch, meist regelmäßig
Frucht: Klein, Geschmack süßsäuerlich, sehr gut, kräftiges Aroma, pflückreif IX, genussreif bis XI
Resistenzen: Schorf, wenig Feuerbrand, Mehltau, Rote Spinne, Schorfresistenz instabil
Anbauhinweise: Intensiv-, Selbstversorgeranbau, Kleingarten; EU-Sortenschutz

Rote Sternrenette

Synonyme: 'Calvill etoilé', 'Herbstrenette', 'Herzapfel', 'Lambert', 'Perlrenette', 'Rote Herbstrenette', 'Starrenette' u.v.a.
Herkunft: Unbekannt
Verwendung: Alte Tafelsorte (Weihnachtsapfel), Verarbeitung, Streuobst
Anbaueignung: Für raue und Vorgebirgslagen
Wuchs: Erst mittel, dann stark
Unterlagen: M 26, für Halb- und Hochstämme MM 106, A 2, Sämling
Befruchtung: Diploid, Befruchter u.a. 'Cox Orange', 'James Grieve', 'Ontario', 'Weißer Klar'
Ertrag: Mittelhoch, oft alternierend
Frucht: Mittel bis groß, Geschmack kräftig säuerlich süß, parfümiert, schwaches Aroma, pflückreif A X, genussreif ab XI bis I
Resistenzen: Robust, wenig Schorf, Mehltau, Holzfrost und Krebs, anfällig für Feuerbrand
Anbauhinweise: Liebhaberanbau, Streuobst, Bioanbau

Rubinette

Synonym: 'Rafzubin' (Sortenname)
Herkunft: 'Golden Delicious' frei abgeblüht
Verwendung: Tafelsorte
Anbaueignung: Für gute Apfellagen in wärmeren Gebieten
Wuchs: Mittelstark, gut verzweigt
Unterlagen: M 9, M 26, Supporter 4
Befruchtung: Diploid, Befruchter u.a. 'Cox Orange', 'Florina', 'Gala', 'Gloster', 'Golden Delicious', 'Idared', 'Spartan'
Ertrag: Hoch und regelmäßig, Alternanz möglich, ausdünnen!
Frucht: Klein bis mittelgroß, Geschmack süß bis süßsäuerlich, kräftiges, edles Aroma, pflückreif E IX, genussreif bis I
Resistenzen: Empfindlich für Schorf, Mehltau, Feuerbrand, Holz relativ frosthart
Anbauhinweise: Intensivanbau in guten Apfellagen; Sortenschutz in mehreren Ländern

Shampion

Synonyme: Keine
Herkunft: 'Golden Delicious' × 'Lord Lambourne'
Verwendung: Tafelsorte
Anbaueignung: Für alle Apfellagen bis in mittlere Höhenlagen
Wuchs: Mittelstark
Unterlagen: M 9, M 26, Supporter 4
Befruchtung: Diploid, Befruchter u.a. 'Florina', 'Gala', 'Idared', 'Pilot', 'Pinova', 'Piros', 'Spartan'
Ertrag: Sehr hoch, regelmäßig, kaum Alternanz
Frucht: Groß, Geschmack schwach süß bis süßsäuerlich, geringes Aroma, Schattenfrüchte fad, pflückreif M IX, genussreif bis II
Resistenzen: Wenig Mehltau, anfällig für Schorf, Holzfrost, Feuerbrand, Blütenfrost, Gummiholzkrankheit
Anbauhinweise: Intensivanbau, Liebhaber

Topaz

Synonyme: Keine, erste rote Mutanten gefunden
Herkunft: 'Rubin' × 'Vanda' (*Malus floribunda*, V_f)
Verwendung: Tafelsorte, Verarbeitung
Anbaueignung: Für alle Apfellagen bis in mittlere Höhenlagen
Wuchs: Mittelstark, gut verzweigt
Unterlagen: M 9, M 26, Supporter 4, MM 106
Befruchtung: Diploid, Befruchter u.a. 'Angold', 'Braeburn', 'Golden Delicious', 'Idared', 'Resista', 'Retina', 'Rubinstep'
Ertrag: Hoch, regelmäßig, kaum Alternanz
Frucht: Groß, Geschmack säuerlich süß, starkes Aroma, pflückreif M bis E IX, genussreif bis II
Resistenzen: Schorf, empfindlich für Mehltau, Rote Spinne und Feuerbrand, blütenfrostgefährdet, Schorfresistenz instabil
Anbauhinweise: Intensivanbau, Selbstversorger, Bioanbau, Kleingarten, evtl. Streuobst; EU-Sortenschutz

Undine

Synonyme: Keine
Herkunft: 'Jonathan' frei abgeblüht
Verwendung: Tafelsorte, Verarbeitung
Anbaueignung: Für alle Apfellagen bis in mittlere Höhenlagen
Wuchs: Stark, gut verzweigt
Unterlagen: M 9, M 26, MM 106 für Viertel- oder Halbstamm
Befruchtung: Diploid, Befruchter u.a. 'Alkmene', 'Auralia', 'Carola', 'Cox Orange', 'Golden Delicious', 'Idared', 'Pinova', 'Pilot', 'Remo'
Ertrag: Mittelhoch, Alternanz möglich
Frucht: Mittelgroß bis groß, Geschmack säuerlich süß, kräftiges Aroma, pflückreif E IX, genussreif ab X bis IV
Resistenzen: Wenig Schorf, Holz- und Blütenfrost, mehltau- und feuerbrandempfindlich
Anbauhinweise: Intensivanbau, Selbstversorger, Streuobst

Weißer Klarapfel

Synonyme: 'Klarapfel', 'Kornapfel', 'Pomme de Reval', 'Weißer Transparent', 'Yellow Transparent', 'Grand Sultan' u. v. a.
Herkunft: Unbekannt
Verwendung: Alte Wirtschafts- und Tafelsorte
Anbaueignung: Sehr robust, für alle Apfellagen, auch in Höhenlagen
Wuchs: Stark, später schwächer
Unterlagen: M 9, M 26, für Halb- oder Hochstämme MM 106 bis Sämling
Befruchtung: Diploid, Befruchter u. a. 'Ananasrenette', 'Baumann', 'Cox Orange', 'Croncels', 'Oldenburg'
Ertrag: Mittelhoch, oft alternierend
Frucht: Mittel bis klein, Geschmack mild säuerlich, schwaches Aroma, mitunter fad, pflückreif VII, genussreif ca. 2 Wochen
Resistenzen: Robust, sehr frostfest, wenig Schorf, anfällig für Feuerbrand, Krebs und Mehltau
Anbauhinweise: Liebhaberanbau, Streuobst

Zabergäu

Synonyme: 'Graue Renette von Zabergäu', 'Zabergäurenette'
Herkunft: Unbekannt, Zufallssämling
Verwendung: Tafelsorte, Mostsorte
Anbaueignung: Für gute Böden in wärmeren Apfellagen
Wuchs: Sehr stark
Unterlagen: M 9 (Selbstversorger) bis Sämling (Streuobst)
Befruchtung: Triploid, als Pollenspender ungeeignet, Befruchter u. a. 'Cox Orange', 'Golden Delicious', 'Goldparmäne', 'Oldenburg'
Ertrag: Mittel, alternierend
Frucht: Groß, Geschmack würzig feinsäuerlich, aromatisch, pflückreif M X, genussreif ab XI bis III
Resistenzen: Robust, widerstandsfähig für Holz- und Blütenfrost, wenig Schorf, anfällig für Mehltau, Krebs, Blutlaus, Rote Spinne und Feuerbrand
Anbauhinweise: Liebhaberanbau, Streuobst, Selbstversorger

Pyrus elaeagrifolia
Ölweidenblättrige Birne
(Kleinasiatische Birne)

Vorkommen: Krim, Anatolien, Ostbulgarien, Rumänien, europäische Türkei
Beziehung zur Kulturform: Zusammen mit *P. pyraster* wichtigster Vorfahre der Kulturbirne
Verwendung: Veredlungsunterlage, Früchte werden z.T. verzehrt
Resistenzen: Gegenüber Trockenheit und Kälte wenig empfindlich, feuerbrandanfällig
Wuchs: Kleiner Baum oder Strauch, breit aufrecht, kandelaberartiger Wuchs, dornig bis unbewehrt, Triebe filzig
Frucht: Kugelförmig bis kreiselförmig, etwa 20 mm dick, 13 mm lang, grün, z.T. essbar nach Lagerung und Trocknung

Pyrus nivalis
Schnee-Birne

Vorkommen: Südliches Mitteleuropa, Südosteuropa; Schwarm von Hybriden aus *P. pyraster* × *P. elaeagrifolia;* Hecken, steinige Fluren, sonnige trockene Stellen
Beziehung zur Kulturform: Ausgangsart vor allem für Mostbirnen
Verwendung: Mostbirnen
Resistenzen: Gering frostempfindlich, trockenresistent, feuerbrandanfällig
Wuchs: Kleiner Baum, 10 (bis 20) m hoch, kräftige, aufrechte Zweige ohne Dornen
Frucht: 30 bis 50 mm Durchmesser, kugelförmig-kreiselförmig, gelbgrün, spät reifend, herb bis süß, Kelch nicht abfallend

Pyrus pyraster
Holz-Birne

Vorkommen: Mitteleuropa, Kleinasien, Auenwälder, steinige Gebüsche, wärmeliebend
Beziehung zur Kulturform: Zusammen mit *P. elaeagrifolia* wichtigster Vorfahre der Kulturbirne
Verwendung: Früher als Veredlungsunterlage, heute nur noch als seltenes Hartholz
Resistenzen: Anfällig für Schorf und Feuerbrand, wenig frostempfindlich
Wuchs: Baum, 5 bis 15 (20) m, Krone rundlich bis hochoval bzw. pyramidal, oft mit dünnen überhängenden Zweigen, meist stark bedornt
Frucht: 20 bis 25 mm, kugelig bis sehr kreiselförmig, gelblich grün, später braun und teigig werdend, stark adstringierend, wenig oder kaum aromatisch, viele Steinzellen, Kelch groß, haftend, langstielig

Pyrus pyrifolia
Sand-Birne

Vorkommen: Zentral- bis Südostchina, Korea, Japan
Beziehung zur Kulturform: Ausgangsform der asiatischen Birne („Nashi“, in Asien verbreitet kultiviert), seit etwa 2000 Jahren in China domestiziert
Verwendung: Veredlungsunterlage, auch Rohgenuss
Resistenzen: Je nach Herkunft nur mäßig feuerbrandanfällig (in Literatur von resistent bis anfällig beschrieben), etwas frostempfindlich, was auch auf die meisten „Nashi“-Sorten zutrifft
Wuchs: Baum, 5 bis 12 m hoch, oval, später breitovale bis ausladende Krone, junge Triebe kahl oder flockig behaart, später kahl und rötlich bis braun mit großen Lentizellen
Frucht: 20 bis 30 mm Durchmesser, fast kugelig, grün bis braun, hell punktiert, berostet, hartes Fruchtfleisch, Kelch abfallend

Alexander Lucas

Synonyme: 'Beurré Alexandre Lucas', 'Alexander Lukas Butterbirne', 'Lucas'
Herkunft: Unbekannt, Zufallssämling
Verwendung: Tafelsorte
Anbaueignung: Wärmere Birnenlagen, bis mittlere Höhenlagen
Wuchs: Mittelstark, später schwächer, alle Baumformen
Unterlagen: Nicht sicher mit Quitte verträglich
Befruchtung: Triploid, als Bestäuber ungeeignet, Befruchter* u. a. 'Boscs', 'Concorde', 'Condo', 'Conference', 'Drouard', 'Verté', 'Williams', neigt zu Parthenokarpie
Ertrag: Hoch, wenig alternierend
Frucht: Groß, schwer, saftig, mittel aromatisch, halbschmelzend, pflückreif M X, genussreif XI bis XII, bis 6 Monate haltbar
Resistenzen: Wenig Schorf und Feuerbrand, Blüte frostempfindlich
Anbauhinweise: Erwerbsanbau, Selbstversorger, Hausgarten, Bioanbau

Boscs Flaschenbirne

Synonyme: 'Beurré Bosc', 'Calebasse Bosc', 'Kaiser Alexander', 'Kaiserkrone'
Herkunft: Unbekannt, Zufallssämling
Verwendung: Tafelsorte
Anbaueignung: Wärmere Birnenlagen, bis mittlere Höhenlagen
Wuchs: Mittelstark, steil aufrecht, für alle Baumformen
Unterlagen: Unverträglich mit Quitte
Befruchtung: Diploid, Befruchter* u. a. 'Clapps', 'Concorde', 'Condo', 'Conference', 'Drouard', 'Nordhäuser', 'Verdi', 'Verté', 'Williams'
Ertrag: Hoch, regelmäßig
Frucht: Groß, lang, saftig, aromatisch, schmelzend, pflückreif M IX, genussreif bis XI, im Kühl- bzw. CA-Lager bis 6 Monate haltbar
Resistenzen: Anfällig für Schorf, Feuerbrand, Holzfrost, weniger für Blütenfrost
Anbauhinweise: Erwerbsanbau, Intensivanlagen, Selbstversorger, Direktvermarkter

Clapps Liebling

Synonyme: 'Clapps', 'Clapps Favourite', zahlreiche Mutanten (teils rotfarbig)
Herkunft: 'Holzfarbige Butterbirne' frei abgeblüht
Verwendung: Tafelsorte
Anbaueignung: Wärmere Birnenlagen, bis mittlere Höhenlagen
Wuchs: Stark, aufrecht, neigt zur Überbauung, für alle Baumformen
Unterlagen: Nicht sicher mit Quitte verträglich
Befruchtung: Diploid, guter Bestäuber, Befruchter* u. a. 'Boscs', 'Concorde', 'Condo', 'Conference', 'Vereinsdechant', 'Williams', neigt zu Parthenokarpie
Ertrag: Mittelhoch, regelmäßig
Frucht: Groß, saftig, aromatisch, schmelzend, pflückreif M VIII, genussreif 2 Wochen
Resistenzen: Anfällig für Schorf und Feuerbrand, Blüte wenig frostempfindlich
Anbauhinweise: Erwerbsanbau bei gesichertem Absatz, Selbstversorger, Hausgarten

Concorde

Synonyme: Keine
Herkunft: 'Vereinsdechantsbirne' × 'Conference'
Verwendung: Tafelsorte
Anbaueignung: Wärmere Birnenlagen
Wuchs: Mittelstark, aufrecht, für alle Baumformen
Unterlagen: Nur mäßig mit Quitte verträglich
Befruchtung: Diploid, Befruchter* u. a. 'Abate Fetel', 'Clapps', 'Conference', 'Gute Luise', 'Guyot', 'Verdi', 'Vereinsdechant'
Ertrag: Hoch, regelmäßig
Frucht: Groß, lang, saftig, aromatisch, knackig bis schmelzend, pflückreif E IX, genussreif X, im Kühl- bzw. CA-Lager bis Februar/März haltbar, druckempfindlich
Resistenzen: Wenig Schorf, anfällig für Feuerbrand, Rindenkrebs, Chlorose
Anbauhinweise: Erwerbsanbau, Direktvermarktung, Intensivanlagen, Bioanbau; Sortenschutz in mehreren Ländern

Condo

Synonyme: Keine
Herkunft: 'Conference' × 'Vereinsdechantsbirne'
Verwendung: Tafelsorte
Anbaueignung: Für wärmere Birnenlagen
Wuchs: Schwach bis mittelstark, gut als Superspindel
Unterlagen: Nur mäßig mit Quitte verträglich
Befruchtung: Diploid, guter Bestäuber, Befruchter* u.a. 'Abate Fetel', 'Clapps', 'Gute Luise', 'Verdi', 'Vereinsdechant'
Ertrag: Mittel bis hoch, regelmäßig
Frucht: Mittel bis groß, saftig, wenig aromatisch, schmelzend, pflückreif E IX, genussreif X, im Kühl- bzw. CA-Lager bis Februar/März haltbar
Resistenzen: Wenig Schorf, anfällig für Feuerbrand, Rindenkrebs, Chlorose, Blüte etwas frostgefährdet
Anbauhinweise: Erwerbsanbau, Direktvermarktung, Intensivanlagen, Bioanbau; Sortenschutz in mehreren Ländern

David

Synonyme:
Herkunft: 'Jules Guyot' × 'Vereinsdechantsbirne'
Verwendung: Tafelsorte
Anbaueignung: Für wärmere Birnenlagen
Wuchs: Schwach, wenig verzweigt, dünntriebig
Unterlagen: Mit Quitte verträglich
Befruchtung: Diploid, Befruchter* u.a. 'Anjou', 'Clapps', 'Conference', 'Tongern', 'Uta', 'Williams'
Ertrag: Mittel bis hoch, regelmäßig
Frucht: Mittel bis groß, nach der Lagerung gelb und saftig, mittel aromatisch, fest, vollreif schmelzend, pflückreif M X, genussreif XII, im Kühllager bis III/IV haltbar, gut transportabel
Resistenzen: Wenig Schorf, anfällig für Feuerbrand
Anbauhinweise: Erwerbsanbau, Direktvermarktung, nicht für Hochstämme; Sortenschutz in mehreren Ländern

Dekora

Synonyme: Keine
Herkunft: 'Conference' × 'Clapps Liebling'
Verwendung: Tafelsorte, für Dekorationszwecke nutzbar (Spalier, Columnarbäume)
Anbaueignung: Für alle Birnenlagen
Wuchs: Sehr stark, steil aufrecht, fast nicht verzweigt, starktriebig, bei vollem Behang Bruchgefahr
Unterlagen: Sämling, mit Quitte nicht geprüft, Zwischenveredlung
Befruchtung: Diploid, Befruchter* u.a. 'Conference', 'Radana'
Ertrag: Mittel bis hoch, neigt zu Alternanz, ausdünnen!
Frucht: Mittelgroß, mäßig saftig, mittel aromatisch, fest, pflückreif E IX, genussreif bis XII, gut transportabel
Resistenzen: Wenig Schorf, anfällig für Feuerbrand, noch wenig Erfahrung
Anbauhinweise: Erwerbsanbau, Direktvermarktung, als Spalierobst, für Säulenbäume geeignet, nicht für Hochstämme

Dessertnaja

Synonyme: 'Dessertbirne', 'Dessera'
Herkunft: 'Boscs Flaschenbirne' × 'Olivier de Serres'
Verwendung: Tafelsorte
Anbaueignung: Für alle Birnenlagen
Wuchs: Mittelstark, stark verzweigt, hängend
Unterlagen: Sämling, mit Quitte nicht geprüft, Zwischenveredlung
Befruchtung: Diploid, Befruchtersorten nicht geprüft
Ertrag: Hoch, kaum Alternanz
Frucht: Mittelgroß bis groß, saftig, angenehm aromatisch, schmelzend, pflückreif E VIII, genussreif bis IX, rechtzeitig pflücken
Resistenzen: Wenig Schorf, anfällig für Feuerbrand, noch wenig Erfahrung
Anbauhinweise: Direktvermarktung, Selbstversorger, Erwerbsanbau nur bei gesichertem Absatz, nicht für Hochstämme

Eckehard

Synonym: SAXONIA™-'Eckehard' (Markenname)
Herkunft: 'Nordhäuser Winterforelle' × 'Clapps Liebling'
Verwendung: Tafelsorte
Anbaueignung: Wärmere Birnenlagen
Wuchs: Stark, breit-pyramidal, mitteldicht
Unterlagen: Auf Quitte noch wenig Erfahrung, Zwischenveredlung
Befruchtung: Diploid, Befruchter* u.a. 'Anjou', 'Clapps', 'Conference', 'Paris', 'Tongern', 'Uta', 'Williams'
Ertrag: Sehr hoch, regelmäßig, bei vollem Behang ausdünnen
Frucht: Groß, saftig, mittel aromatisch, fest, manchmal grobzellig, pflückreif E IX, genussreif ab X, im Kühllager bis III haltbar
Resistenzen: Robust, wenig Schorf, anfällig für Feuerbrand, noch wenig Erfahrung
Anbauhinweise: Erwerbsanbau, Direktvermarktung, Selbstversorger, auch für Hochstämme

Elektra

Synonym: SAXONIA™-'Elektra' (Markenname)
Herkunft: 'Nordhäuser Winterforelle' × 'Clapps Liebling'
Verwendung: Tafelsorte
Anbaueignung: Wärmere Birnenlagen
Wuchs: Mittel bis stark, pyramidal
Unterlagen: Quitte mit Zwischenveredlung, direkt auf Quitte noch wenig Erfahrung
Befruchtung: Diploid, Befruchter* u.a. 'Anjou', 'Clapps', 'Conference', 'Paris', 'Williams'
Ertrag: Mittel bis hoch, regelmäßig
Frucht: Groß, lang-elliptisch, saftig, feines Aroma, bissfest, schmelzend, pflückreif IX, genussreif ab X, im Kühllager bis II haltbar, gut transportabel
Resistenzen: Wenig Schorf, anfällig für Feuerbrand und Birnenverfall (pear decline), noch wenig Erfahrung
Anbauhinweise: Erwerbsanbau, Direktvermarktung, Selbstversorger, für Hochstämme möglich; EU-Sortenschutz angemeldet

Erika

Synonyme: Keine
Herkunft: 'Boscs Flaschenbirne' × 'Präsident Drouard'
Verwendung: Tafelsorte
Anbaueignung: Wärmere Birnenlagen
Wuchs: Mittel, pyramidal aufrecht bis breit
Unterlagen: Quitte mit Zwischenveredlung, direkt auf Quitte noch wenig Erfahrung
Befruchtung: Diploid, Befruchter* u. a. 'Bohemica', 'Conference', 'Delta', 'Dicolor'
Ertrag: Mittel bis hoch, regelmäßig, bei Überbehang Alternanz möglich
Frucht: Mittel bis groß, saftig, wenig Aroma (offenbar sehr standortabhängig), bissfest, nur beste Qualität schmelzend, pflückreif X, genussreif ab XI, im Kühllager bis III haltbar, gut transportabel
Resistenzen: Wenig Schorf, anfällig für Feuerbrand, noch wenig Erfahrung
Anbauhinweise: Erwerbsanbau, Selbstversorger; EU-Sortenschutz

Gerburg

Synonym: Saxonia™-'Gerburg' (Markenname)
Herkunft: 'Clapps Liebling' × 'Nordhäuser Winterforelle'
Verwendung: Tafelsorte
Anbaueignung: Wärmere Birnenlagen
Wuchs: Stark, breit-pyramidal, gut verzweigt
Unterlagen: Quitte mit Zwischenveredlung, direkt auf Quitte noch wenig Erfahrung
Befruchtung: Diploid, Befruchter* u. a. 'Anjou', 'Clapps', 'Conference', 'Hortensia', 'Paris', 'Tongern', 'Uta', 'Williams'
Ertrag: Mittel bis hoch
Frucht: Groß und schwer, attraktiv, saftig, starkes Aroma, bissfest, schmelzend, pflückreif E IX, genussreif ab XI, im Kühllager bis III haltbar
Resistenzen: Blüte wenig frostempfindlich, bisher wenig Schorf, anfällig für Feuerbrand, noch wenig Erfahrung
Anbauhinweise: Erwerbsanbau, Direktvermarktung, auch für Hochstämme

Graf Dietrich

Synonym: SAXONIA™-'Graf Dietrich' (Markenname)
Herkunft: 'Clapps Liebling' × 'Nordhäuser Winterforelle'
Verwendung: Tafelsorte
Anbaueignung: Für alle Birnenlagen
Wuchs: Mittelstark bis stark, pyramidal
Unterlagen: Quitte mit Zwischenveredlung, direkt auf Quitte noch wenig Erfahrung
Befruchtung: Diploid, Befruchter* u. a. 'Clapps', 'Conference', 'Hortensia', 'Paris', 'Tongern', 'Uta', 'Williams'
Ertrag: Hoch, regelmäßig
Frucht: Mittel bis groß, rundlich, saftig, kräftiges Aroma, meist schmelzend, pflückreif IX, genussreif bis XI, im Kühllager 2 Monate haltbar, rechtzeitig ernten
Resistenzen: Bisher wenig Schorf, anfällig für Feuerbrand, noch wenig Erfahrung
Anbauhinweise: Erwerbsanbau, Selbstversorger, Direktvermarktung, auch für Hochstämme; Sortenschutz

Gräfin Gepa

Synonym: SAXONIA™-'Gräfin Gepa' (Markenname)
Herkunft: 'Nordhäuser Winterforelle' × 'Baierschmidt'
Verwendung: Tafelsorte
Anbaueignung: Für alle Birnenlagen
Wuchs: Mittelstark, pyramidal, mitunter etwas sparrig
Unterlagen: Quitte mit Zwischenveredlung, direkt auf Quitte noch wenig Erfahrung
Befruchtung: Diploid, Befruchter* u. a. 'Anjou', 'Clapps', 'Conference', 'Uta', 'Williams'
Ertrag: Mittel bis hoch
Frucht: Groß, attraktiv, saftig, starkes Aroma, schmelzend, pflückreif A IX, genussreif bis X, im Kühllager 1 Monat haltbar, rechtzeitig ernten
Resistenzen: Wenig Schorf, anfällig für Feuerbrand, noch wenig Erfahrung
Anbauhinweise: Erwerbsanbau, Selbstversorger, Direktvermarktung, Kleingarten, nicht für Hochstämme; EU-Sortenschutz

Gute Luise

Synonyme: 'Bonne de Longueval', 'Bonne Louise d'Avranches', 'Frühe St. Germain' u. a.
Herkunft: Unbekannt, Zufallssämling
Verwendung: Tafelsorte
Anbaueignung: Wärmere Birnenlagen, bis mittlere Höhenlagen
Wuchs: Mittelstark, pyramidal, für alle Baumformen
Unterlagen: Mit Quitte nicht sicher verträglich
Befruchtung: Diploid, Befruchter* u. a. 'Abate Fetel', 'Boscs', 'Charneu', 'Clapps', 'Conference', 'Gellert', 'Vereinsdechant'
Ertrag: Mittelhoch, mitunter alternierend
Frucht: Mittelgroß, saftig, aromatisch, schmelzend, pflückreif M IX, genussreif bis A X, rechtzeitig ernten
Resistenzen: Anfällig für Schorf, Feuerbrand, Holzfrost
Anbauhinweise: Liebhabersorte, Selbstversorger, Direktvermarkter, für Hochstamm geeignet

Hortensia

Synonyme: Keine
Herkunft: 'Nordhäuser Winterforelle' × 'Clapps Liebling'
Verwendung: Tafelsorte
Anbaueignung: Für alle Birnenlagen
Wuchs: Stark, pyramidal
Unterlagen: Quitte mit Zwischenveredlung, direkt auf Quitte noch wenig Erfahrung
Befruchtung: Diploid, Befruchter* u. a. 'Anjou', 'Clapps', 'Conference', 'Paris', 'Williams'
Ertrag: Sehr hoch, regelmäßig, bei vollem Behang ausdünnen
Frucht: Mittel bis groß, saftig, mittel aromatisch, fest, pflückreif E IX, genussreif ab M X bis M XI, im Kühllager 2 Monate haltbar, gut transportabel
Resistenzen: Robust, wenig Schorf, anfällig für Feuerbrand, noch wenig Erfahrung
Anbauhinweise: Erwerbsanbau, Direktvermarktung, Selbstversorger, für Hochstämme möglich; Sortenschutz in mehreren Ländern

Isolda

Synonyme: Keine
Herkunft: 'Jules Guyot' × 'Bunte Julibirne'
Verwendung: Tafelsorte
Anbaueignung: Für alle Birnenlagen
Wuchs: Mittelstark, breit-pyramidal, etwas dünntriebig
Unterlagen: Zwischenveredlung, direkt auf Quitte problematisch
Befruchtung: Diploid, Befruchter* u.a. 'Anjou', 'Clapps', 'Conference', 'Paris', 'Tongern', 'Williams'
Ertrag: Hoch, regelmäßig, bei vollem Behang ausdünnen, sonst Alternanz
Frucht: Mittel bis groß, süßsäuerlich, saftig, mittel aromatisch, meist schmelzend, pflückreif VIII, genussreif 3 Wochen, rechtzeitig ernten, sonst Fruchtfall
Resistenzen: Bisher wenig Schorf, anfällig für Feuerbrand, noch wenig Erfahrung
Anbauhinweise: Direktvermarktung, Selbstversorger, Erwerbsanbau, für Hochstämme möglich; Sortenschutz in mehreren Ländern

Konferenz

Synonyme: 'Conference', 'Conférence'
Herkunft: 'Léon Leclerc de Laval' frei abgeblüht
Verwendung: Tafelsorte
Anbaueignung: Alle Birnenlagen, bis mittlere Höhenlagen
Wuchs: Mittelstark, für alle Baumformen
Unterlagen: Quitte
Befruchtung: Diploid, Befruchter* u.a. 'Anjou', 'Boscs', 'Charneu', 'Clapps', 'Gellert', 'Verdi', 'Vereinsdechant', 'Williams', neigt zu Parthenokarpie
Ertrag: Sehr hoch, regelmäßig
Frucht: Mittel bis groß, saftig, aromatisch, schmelzend, pflückreif M IX, genussreif ab X, im Kühl- bzw. CA-Lager bis 5 Monate haltbar
Resistenzen: Wenig Schorf, anfällig für Feuerbrand, Krebs, Chlorose, Blüte wenig frostempfindlich
Anbauhinweise: Erwerbsanbau, Intensivanlagen, Bioanbau, Hausgarten

Madame Verté

Synonym: 'Verté'
Herkunft: Unbekannt, Zufallssämling
Verwendung: Tafelsorte
Anbaueignung: Wärmere und trockene Birnenlagen
Wuchs: Mittelstark bis schwach, für alle Baumformen
Unterlagen: Quitte
Befruchtung: Diploid, Befruchter* u. a. 'Boscs', 'Charneu', 'Clairgeau', 'Clapps', 'Gellert', 'Paris', 'Tongern', 'Williams'
Ertrag: Nur mittel, regelmäßig
Frucht: Klein bis mittelgroß, saftig, mittel aromatisch, nur bei besten Anbaubedingungen schmelzend, Steinzellenbildung, pflückreif E X, genussreif ab XI bis I, windfest
Resistenzen: Anfällig für Schorf, Feuerbrand, weniger für Holzfrost und Blütenfrost
Anbauhinweise: Selbstversorger, Liebhaber, für Spaliere geeignet

Präsident Heron

Synonyme: Keine
Herkunft: 'Beurré amandé' × 'Louise bonne Sannier'
Verwendung: Alte Tafelsorte
Anbaueignung: Wärmere Birnenlagen
Wuchs: Mittelstark, breit-pyramidal, für alle Baumformen
Unterlagen: Quitte mit Zwischenveredlung
Befruchtung: Diploid, Befruchter* u. a. 'Bunte Juli', 'Charneu', 'Clairgeau', 'Paris, 'Tongern'
Ertrag: Hoch bis sehr hoch, regelmäßig, ausdünnen
Frucht: Mittelgroß, süßsäuerlich, saftig, angenehm aromatisch, schmelzend, pflückreif E IX, genussreif bis XI, Kühllager bis XII
Resistenzen: Wenig Schorf, Holzfrost und Blütenfrost, anfällig für Feuerbrand
Anbauhinweise: Selbstversorger, Direktvermarkter, Liebhaber, Erwerbsanbau

Radana

Synonyme: Keine
Herkunft: 'Gute Luise' × 'Clapps Liebling'
Verwendung: Frühe Tafelsorte
Anbaueignung: Für alle Birnenlagen
Wuchs: Mittelstark, breit-pyramidal, für alle Baumformen
Unterlagen: Quitte mit Zwischenveredlung
Befruchtung: Diploid, Befruchter* u. a. 'Dekora', 'Williams'
Ertrag: Hoch, regelmäßig
Frucht: Klein bis mittelgroß, breit-rundlich, süßsäuerlich, saftig, schwach aromatisch, schmelzend, pflückreif VIII, genussreif 2 Wochen, druckempfindlich, rechtzeitig ernten
Resistenzen: Bisher wenig Schorf, anfällig für Feuerbrand, wenig Erfahrung
Anbauhinweise: Selbstversorger, Direktvermarkter, Liebhaber, Erwerbsanbau; EU-Sortenschutz beantragt

Thimo

Synonym: Saxonia™-'Thimo' (Markenname)
Herkunft: 'Nordhäuser Winterforelle' × 'Madame Verté'
Verwendung: Tafelsorte
Anbaueignung: Für alle Birnenlagen
Wuchs: Mittelstark bis stark, pyramidal, verzweigungsfördernd schneiden
Unterlagen: Quitte
Befruchtung: Diploid, Befruchter* u. a. 'Anjou', 'Clapps', 'Conference', 'Hortensia', 'Paris', 'Uta', 'Williams'
Ertrag: Mittel bis hoch, regelmäßig, bei vollem Behang ausdünnen
Frucht: Groß, lang, edel geformt, sehr attraktiv, saftig, süßsäuerlich, aromatisch, fest, schmelzend, pflückreif E IX, genussreif ab X, im Kühllager bis I haltbar
Resistenzen: Bisher wenig Schorf, anfällig für Feuerbrand, noch wenig Erfahrung
Anbauhinweise: Erwerbsanbau, Direktvermarktung, Selbstversorger, für Hochstämme geeignet; EU-Sortenschutz

Tongern

Synonyme: ‘Beurré Durandeau’, ‘Birne von Tongern’, ‘Birne von Tongre’
Herkunft: Unbekannt, Zufallssämling
Verwendung: Tafelsorte
Anbaueignung: Wärmere Birnenlagen, keine nassen Standorte
Wuchs: Schwach, ausladende hängende Äste
Unterlagen: Sämling, Quitte mit Zwischenveredlung
Befruchtung: Diploid, Befruchter* u. a. ‘Isolda’, ‘Uta’, ‘Vereinsdechant’, ‘Verté’, ‘Williams’
Ertrag: Mittel bis hoch, regelmäßig
Frucht: Mittelgroß, nur unter optimalen Bedingungen saftig, mäßig süß bis weinsäuerlich, etwas aromatisch, halbschmelzend, pflückreif M IX, genussreif bis X
Resistenzen: Wenig Schorf, anfällig für Feuerbrand, wenig frostempfindlich (widersprüchliche Ergebnisse)
Anbauhinweise: Selbstversorger, Direktvermarkter, Erwerbsanbau, nicht für Hochstämme

Uta

Synonyme: Keine
Herkunft: ‘Madame Verté’ × ‘Boscs Flaschenbirne’
Verwendung: Tafelsorte, Brennsorte
Anbaueignung: Für alle Birnenlagen
Wuchs: Schwach bis mittelstark, pyramidal
Unterlagen: Quitte mit Zwischenveredlung
Befruchtung: Diploid, Befruchter* u. a. ‘Clapps’, ‘Conference’, ‘Paris’, ‘Williams’
Ertrag: Hoch, regelmäßig, bei vollem Behang ausdünnen
Frucht: Groß, kurzachsig, saftig, süßsäuerlich, stark aromatisch, bissfest, schmelzend, pflückreif E X, genussreif ab XI, im Kühllager bis II haltbar
Resistenzen: Bisher wenig Schorf, mittel anfällig für Feuerbrand, junges Holz etwas frostempfindlich
Anbauhinweise: Erwerbsanbau, Direktvermarktung, Selbstversorger, Bioanbau, Kleingarten, für Hochstämme nicht geeignet; EU-Sortenschutz

Vereinsdechantsbirne

Synonyme: 'Comice', 'Doyenne du Comice d'Angers', 'Vereinsdechant'
Herkunft: Unbekannt, Zufallssämling
Verwendung: Tafelsorte
Anbaueignung: Wärmere Birnenlagen
Wuchs: Stark, hochpyramidal
Unterlagen: Quitte
Befruchtung: Diploid, Befruchter* u. a. 'Boscs', 'Clapps', 'Concorde', 'Condo', 'Conference', 'Gellert', 'Gute Graue', 'Williams', neigt zu Parthenokarpie
Ertrag: Meist unter mittel, alternierend
Frucht: Mittelgroß bis groß, unter optimalen Bedingungen saftig, schmelzend, würzig, sehr feines Aroma, pflückreif M X, genussreif bis XI
Resistenzen: Wenig Schorf, anfällig für Feuerbrand, Blütenfrost, wenig frostempfindlich im Holz
Anbauhinweise: Erwerbsanbau, Selbstversorger, Direktvermarkter, für Hochstämme geeignet (dann mindere Fruchtqualität)

Williams Christ

Synonyme: 'Williams', 'Bartlett', 'Williams Bon Chrétien', 'Aldermaston Pear'
Herkunft: Unbekannt, Zufallssämling
Verwendung: Tafelsorte, Brennsorte
Anbaueignung: Für alle Birnenlagen
Wuchs: Mittelstark, aufrecht bis breit
Unterlagen: Quitte mit Zwischenveredlung
Befruchtung: Diploid, Befruchter* u. a. 'Abate Fetel', 'Boscs', 'Concorde', 'Condo', 'Conference', 'Gellert', 'Paris', 'Verté', 'Williams', neigt zu Parthenokarpie
Ertrag: Hoch, kann alternieren, ausdünnen
Frucht: Mittelgroß bis groß, saftig, schmelzend, würzig, feines Aroma, pflückreif M VIII bis A IX, genussreif bis X, im Kühllager 2 Monate lagerfähig
Resistenzen: Anfällig für Schorf, Feuerbrand, Winterfrost, Blüte weniger frostempfindlich
Anbauhinweise: Erwerbsanbau, Selbstversorger, Direktvermarkter, für Hochstämme geeignet

Scharfzähniger Strahlengriffel, Mini-Kiwi

Actinidia arguta

Herkunft: SO-Sibirien, Japan, China, zahlreiche Hybriden mit anderen *Actinidia*-Arten
Sorten: 'Ambrosia', 'Issai', 'Jumbo verde', 'Kiwino', 'Mykos', 'Rannjaja', 'Weiki' u.a.
Verwendung: Naschfrucht (größere Mengen leicht abführend), für Marmelade, Likör u.Ä.
Anbau: An Spalieren, Gerüsten in sonniger bis schattiger Lage, saure bis neutrale Böden
Zierwert: Dekorativ durch Laub und Blüte
Wuchs: Schlingstrauch, bis 10 m hoch
Resistenzen: Allgemein widerstandsfähig, winterhart, spätfrostempfindlich
Frucht: Längliche oder rundliche glattschalige Beeren, stachelbeerähnlich, grün oder rötlich, 1,5 bis 2,5 cm lang, angenehm süß, Reife IX bis X, enthalten u.a. etwa 10% Zucker und 60 bis 300 mg Vitamin C/100 g Frischsubstanz, mit Schale essbar
Anbauhinweise: Selbstversorger, Hausgarten, häusliche Verwertung, Zierform

Kiwi-Frucht

Actinidia deliciosa

Herkunft: Großfrüchtige Zuchtsorten aus Neuseeland
Sorten: 'Abott', 'Bruno', 'Hayward', 'Jenny' (einhäusig), 'Starella'
Verwendung: Rohverzehr, Einfrosten, Dünsten, Braten, Marmelade
Anbau: An Wandspalieren, Pergolen oder Gerüsten in sonniger bis halbschattiger, geschützter Lage, nicht für kalte Gebiete, für tiefgründige, schwach saure Böden
Zierwert: Durch Blätter, Blüten und Früchte
Wuchs: Schlingstrauch, 3 bis 6 m hoch
Resistenzen: Allgemein wenig krankheitsanfällig, frostempfindlich, spätfrostgefährdet
Frucht: Ei- bis walzenförmig, bis 5 cm lang mit brauner pelziger Schale, Fleisch saftig, grün, auch gelb und rot, Reife X bis XI, Früchte enthalten 150 bis 250 mg Vitamin C/100 g Frischsubstanz
Anbauhinweise: Erwerbsanbau, Hausgarten, häusliche Verwertung; Sortenschutz

Kolomikta-Strahlengriffel

Actinidia kolomikta

Herkunft: SO-Sibirien, Japan, Nordchina
Sorten: ‘Ananasnaja’, ‘Aromatnaja’, ‘Klara Zetkin’, ‘Matowaja’
Verwendung: Naschfrucht, in Mischung für Marmelade u.Ä.
Anbau: An Spalieren, Pergolen oder Gerüsten in sonniger bis schattiger Lage, auf frischen sauren bis neutralen Böden
Zierwert: Viele weiß bis rosa gescheckte Blätter, besonders männliche Pflanzen
Wuchs: 4 bis 8 m hoher Schlingstrauch
Resistenzen: Allgemein gering anfällig, winterhart, spätfrostempfindlich
Frucht: Längliche, oft flache, glattschalige grüne Beeren, 2,0 bis 2,5 cm lang, süß, wohlschmeckend, enthalten etwa 10 % Zucker und bis 1500 mg Vitamin C/100 g Frischsubstanz, Reife VII bis IX
Anbauhinweise: Hausgarten, häusliche Verwertung, Zierform

Erlenblättrige Felsenbirne, ‘Saskatoon Berry’

Amelanchier alnifolia

Herkunft: Westliches bis zentrales Nordamerika
Weitere Sorten: ‘Honeywood’, ‘Pembina’, ‘Smoky’, ‘Thiessen’
Verwendung: Naschfrucht, Kompott, Saft, Marmelade, Gelee, Trockenfrucht
Anbau: Als Strauch einzeln oder in Hecken, in sonniger bis halbschattiger Lage auf schwach sauren bis neutralen Böden
Zierwert: Schöne Blüte, Herbstfärbung
Wuchs: 1,5 bis 4,0 m hoher aufrechter vieltriebiger Strauch, Ausläufer treibend
Resistenzen: Frosthart, feuerbrandanfällig, anpassungsfähig
Frucht: Schwarze, blau bereifte beerenartige Frucht, bis 1,5 cm dick, sehr saftig und süß, enthält u. a. Zucker, Gerbstoffe und Leucoanthocyane, Reife VI bis VII
Anbauhinweise: Hausgarten, Selbstversorger, häusliche Verwertung, Ziergehölz

Kahle Felsenbirne, Sorte 'Ballerina'
Amelanchier laevis

Herkunft: Zuchtsorte aus Boskoop, Niederlande
Verwendung: Naschfrucht, Kompott, Mischfruchtmarmelade, Trockenfrucht, Korinthen
Anbau: In Gärten als Zierbaum, in sonniger bis halbschattiger Lage auf schwach sauren bis leicht alkalischen Böden, muss veredelt werden
Zierwert: Üppige Blüte, dunkelpurpurne Herbstfärbung
Wuchs: 4 bis 6 m hoher aufrechter Strauch oder Baum, meist überhängende Zweige
Resistenzen: Frosthart, feuerbrandanfällig
Frucht: Hellrot, bei Vollreife purpurschwarz, etwas bereift, 1,0 bis 1,3 cm dick, süß, sehr schmackhaft, reich fruchtend, Reife VII
Anbauhinweise: Hausgarten, häusliche Verwertung, Ziergehölz

Schwarzfrüchtige Apfelbeere
Aronia melanocarpa

Herkunft: Östliches Nordamerika, nach Russland eingeführt
Sorten: 'Ahonnen', 'Hugin', 'Fertödi'
Verwendung: Gelee, Marmelade, Saft für Nektar, Zusatz für Obstsäfte, Molkereiprodukte, Backwaren, blutzuckersenkend
Anbau: Einzeln, in Gruppen oder Hecken, die Sorte 'Hugin' auch in Plantagen, in sonniger Lage, anspruchslos, Bienenweide
Zierwert: Auffällig durch Blüte, dekorative orange bis rote Herbstfärbung
Wuchs: 1 bis 2 m hoher vieltriebiger Strauch mit Ausläuferbildung
Resistenzen: Frosthart, kaum Krankheiten und Schädlinge, feuerbrandresistent
Frucht: Kleine, kugelige, schwarze, glänzende Frucht, Reife VIII bis IX, enthält u. a. Flavonoide, mehrere Vitamine und Anthocyanfarbstoffe
Anbauhinweise: Erwerbsanbau, Hausgarten, Ziergehölz

Pflaumenblättrige Apfelbeere
Aronia × prunifolia

Herkunft: Östliches Nordamerika, Arthybride aus *A. arbutifolia × A. melanocarpa*
Sorten: 'Aron', 'Nero', 'Rubina', 'Viking'
Verwendung: Saft, färbender Zusatz für Obstsäfte, Molkereiprodukte und Backwaren, Gelee, Marmelade
Anbau: Einzeln in sonniger Lage, auch für Plantagen, anspruchslos, für Höhenlagen
Zierwert: Blüte, Fruchtschmuck, Herbstfärbung
Wuchs: 1,5 bis 2,5 m hoher vieltriebiger Strauch mit Wurzelausläuferbildung, auf *Sorbus aucuparia* veredelt bis 4 m hoch
Resistenzen: Frosthart, wenig Krankheiten und Schädlinge
Frucht: Etwa 12 mm dicke, rundliche, violettschwarze, schwach bereifte beerenartige Früchte, herbsauer, Reife VIII bis IX, enthalten Flavonoide, Vitamine und Anthocyane
Anbauhinweise: Erwerbsanbau, Hausgarten, häusliche Verwertung

Japanische Scheinquitte, Sorte 'Cido'
Chaenomeles japonica

Herkunft: Japan, Sorte 'Cido' aus Lettland
Verwendung: Saft, Gelee, Marmelade und Likör, Fruchtstücke zum Kandieren, zum Säuern von Säften, Salaten usw.
Anbau: Einzeln, auch für Plantagenanbau, benötigt sonnige Lage und nährstoffreiche schwach saure bis neutrale Böden
Zierwert: Orangerote Blüte, hoher Zierwert im Frühjahr
Wuchs: Bis zu 1 m hoher vieltriebiger Strauch mit übergeneigten Zweigen, dornenlos (Wildform ist stark bedornt)
Resistenzen: Mittel feuerbrandanfällig, frosthart, auf kalkhaltigen Böden Chlorose
Frucht: Gelb, uneinheitlich in Größe und Form, glatt, duftend, Früchte enthalten 2 bis 3% Zucker und etwa 100 mg Vitamin C/100 g Frischsubstanz („Zitrone des Nordens"), Reife IX bis X
Anbauhinweise: Hausgarten, Zierform

Japanische Scheinquitte, Sorte 'Fusion'

Chaenomeles × superba

Herkunft: Zuchtsorte aus 'Crimson and Gold' aus Berlin
Verwendung: Saft, Gelee, Marmelade und Likör, Fruchtstücke zum Kandieren, zum Säuern von Salaten und Fruchtsäften
Anbau: Einzeln, in Gruppen, im Plantagenanbau bewährt, sonnige Lagen auf tiefgründigen neutralen bis leicht sauren Böden
Zierwert: Attraktiver Blütenstrauch, schönes Laub, gelbe Herbstfärbung
Wuchs: Etwa 1 m hoher, breit aufrechter und vieltriebiger Strauch, etwas bedornt
Resistenzen: Frosthart, mäßig feuerbrandanfällig
Frucht: Gelb, länglich birnenförmig, bis 100 g, aromatisch duftend, Früchte enthalten 5,5% Fruchtsäure und um 100 mg Vitamin C/100 g Frischsubstanz, Reife X
Anbauhinweise: Hausgarten, Erwerbsanbau, Direktvermarkter, Ziergehölz

Kornelkirsche, Sorte 'Jolico'

Cornus mas

Herkunft: Wildart stammt aus dem Kaukasus, Zuchtsorte 'Jolico' aus Wien
Verwendung: Gelee, Konfitüre, Marmelade, Säfte und Likör, roh essbar, Mischfrucht
Anbau: Solitärstrauch, Hecken, plantagenmäßig auch in Stammform, für sonnige bis halbschattige Lagen, bevorzugt kalkhaltige Böden, vegetative Vermehrung
Zierwert: Auffallende frühe Blüte, herbstlicher Fruchtschmuck
Wuchs: Breit aufrechter Strauch oder Baum von 3 bis 6 m Höhe mit sehr hartem Holz
Resistenzen: Widerstandsfähig gegen Trockenheit, spätfrostempfindlich
Frucht: Trübrot bis rötlich braun, oval, Fruchtgewicht 6,5 g (bis 8,5 g), Steinanteil nur etwa 10%, relativ hoher Zucker- und Vitamin-C-Gehalt, Reife E IX, folgernd
Anbauhinweise: Erwerbsanbau, Hausgarten, Ziergehölz, Landschaftsgehölz, Wildobst

Kornelkirsche, Sorte 'Kasanlak'

Cornus mas

Herkunft: Zuchtsorte 'Kasanlak' aus Bulgarien

Verwendung: Gelee, Konfitüre, Marmelade, Saft, Likör, roh essbar

Anbau: Solitärstrauch, in Hecken, plantagenmäßig auch mit kurzem Stamm, in sonniger bis halbschattiger Lage, bevorzugt kalkhaltige Böden, vegetative Vermehrung

Zierwert: Prächtiger Vorfrühlingsblüher

Wuchs: Breit aufrechter Strauch oder Baum, 3 bis 6 m hoch mit sehr hartem Holz

Resistenzen: Frosthart und trockenresistent, spätfrostgefährdet

Frucht: Hochrot, groß, länglich flaschenförmig, Reife A IX, etwa 2 Wochen vor 'Jolico', hoher Zucker- und Vitamin-C-Gehalt

Anbauhinweise: Erwerbsanbau, Hausgarten, Ziergehölz, Landschaftsgehölz

Edel-Ölweide

Elaeagnus multiflora

Herkunft: Japan, China

Sorten: 'Red Cherry', 'Sweet Scarlet' (USA)

Verwendung: Saft, Marmelade, Gelee, Mischfrucht

Anbau: Einzeln, in Hecken in vollsonniger Lage, auch auf leichten Böden; Luftstickstoffbindung

Zierwert: Laub, Blüte, Früchte

Wuchs: Breit-buschiger, 2 bis 3 m hoher Strauch mit dornenlosen Zweigen

Resistenzen: Anspruchslose Pionierpflanze, kaum Krankheiten und Schädlinge, salztolerant

Frucht: Dunkelrot, walzenförmig, etwa 1,5 cm lang, an langen fadenförmigen Stielen hängend, saftig und herbsauer, Reife E VI bis VIII

Anbauhinweise: Zur Befestigung von Böschungen im Hausgarten, zur häuslichen Verwertung, Ziergehölz

Sanddorn, Sorte 'Askola'
Hippophae rhamnoides

Herkunft: Zuchtsorte aus Berlin
Verwendung: Saft, Gelee, Konfitüre, Öl aus Kernen und Fruchtfleisch für Kosmetik und Pharmazie
Anbau: Einzeln oder in Plantagen heckenförmig, für sonnige Lagen und gut durchlüftete, schwach saure bis schwach alkalische Böden; Luftstickstoffbindung, rein weiblich, Befruchtersorte 'Pollmix'
Zierwert: Lang anhaltender Fruchtschmuck
Wuchs: Starkwüchsiger Großstrauch, bis 5 m hoch, lockere Verzweigung, kurzes Fruchtholz, treibt Wurzelausläufer
Resistenzen: Frostresistent, trockenresistent, kaum Schädlinge und Krankheiten
Frucht: Tieforange, mittelgroß, reich und dicht fruchtend, hoher Fruchtsäure- und Vitamin-A- und -C-Gehalt, Ernte E VIII bis A IX
Anbauhinweise: Erwerbsanbau, Hausgarten, Zier- und Landschaftsgehölz

Sanddorn, Sorte 'Dorana'
Hippophae rhamnoides

Herkunft: Zuchtsorte aus Berlin
Verwendung: Saft, Sirup, Gelee u.Ä., Öl für Kosmetik und Pharmazie
Anbau: Bevorzugt in Gärten einzeln oder als Hecke, für Plantagen bedingt geeignet, für freie sonnige Lage und gut durchlüftete, schwach saure bis alkalische Böden; symbiontische Luftstickstoffbindung, rein weiblich, Befruchtersorte 'Pollmix'
Zierwert: Lang anhaltender Fruchtschmuck
Wuchs: Schwach, straff aufrecht, bis 3 m hoch, mittelstark bedornt, wenig Wurzelausläufer, mäßiges Regenerationsvermögen
Resistenzen: Frostresistent, kaum Schädlinge und Krankheiten
Frucht: Tieforange, mittelgroß, reich fruchtend, sehr viel Vitamin C sowie weitere Vitamine, Ernte E VIII bis M IX
Anbauhinweise: Hausgarten, Zier- und Landschaftsgehölz, bedingt für Erwerbsanbau

Sanddorn, Sorte 'Hergo'

Hippophae rhamnoides

Herkunft: Zuchtsorte aus Berlin

Verwendung: Saft, Sirup, Gelee, Konfitüre u.Ä., Öl für Kosmetik und Pharmazie

Anbau: Plantagenanbau in Heckenform, verlangt freie sonnige Lage und gut durchlüftete, schwach saure bis alkalische Böden; symbiontische Luftstickstoffbindung, rein weiblich, Befruchtersorte 'Pollmix'

Zierwert: Gering, Früchte verblassen im Herbst

Wuchs: Mittelstark, breit aufrecht, gute Verzweigung, bis 4 m hoch, dünnholzig, schwach bedornt, bildet Wurzelausläufer, gutes Regenerationsvermögen

Resistenzen: Frostresistent, trockenresistent, kaum Schädlinge und Krankheiten

Frucht: Hellorange, mittelgroß, reich fruchtend, reich an Vitaminen und Öl, Ernte A bis M IX

Anbauhinweise: Vorwiegend für Erwerbsanbau, Landschaftsgehölz

Sanddorn, Sorte 'Leikora'

Hippophae rhamnoides

Herkunft: Zuchtsorte aus Berlin

Verwendung: Saft, Sirup, Gelee u.Ä., Öl für Kosmetik und Pharmazie, Schmuckreisig

Anbau: In Gärten einzeln, in Plantagen heckenförmig, freie sonnige Lage und gut durchlüftete, schwach saure bis alkalische Böden, anpassungsfähig; symbiontische Luftstickstoffbindung, rein weiblich, Befruchtersorte 'Pollmix'

Zierwert: Dauerhafter Fruchtschmuck

Wuchs: Mittelstark bis stark, viel Seitenholz, bis 4 m hoch, dickholzig, schwach bedornt, wenig Wurzelausläufer, gut regenerierend

Resistenzen: Frostresistent, trockenresistent, wenig Krankheiten und Schädlinge

Frucht: Tieforange, groß, fest am Holz sitzend, reich fruchtend, reich an Vitaminen und Öl, Ernte M IX bis M X

Anbauhinweise: Erwerbsanbau, Hausgarten, Zier- und Landschaftsgehölz

Maibeere
Lonicera caerulea var. *edulis*

Herkunft: Wildart in Eurasien
Sorten: 'Altai', 'Berry Blue', 'Blue Bird', 'Fialka', 'Maistar', 'Mailon', 'Morena'
Verwendung: Frischverzehr, Naschfrucht, Kompott, Mus, Marmelade, soll bakterizide Wirkung haben
Anbau: In Gärten in sonniger bis halbschattiger Lage auf frischen durchlässigen Böden, in Spätfrostlagen Ertrag unsicher
Zierwert: Interessanter Gruppen- und Deckstrauch
Wuchs: Steil aufrecht, dicht, 1,5 bis 2,0 m hoch, Triebe rötlich mit 2 bis 3 Beiaugenpaaren, vegetative Vermehrung durch Ausläufer und Ableger
Resistenzen: Frostresistent, empfindlich für Trockenheit und Spätfrost
Frucht: Schwarzblau, hellblau bereift, unregelmäßig oval-walzenförmig, 1,0 bis 1,5 cm lang, saftig, süß, Reife V bis VI
Anbauhinweise: Hausgarten, Zierstrauch

Maibeere (auch Honigbeere), Sibirische Blaubeere
Lonicera caerulea var. *kamtschatica*

Herkunft: Kamtschatka, Kurilen, Sachalin
Sorte: 'Blue Velvet'
Verwendung: Frischverzehr, Naschfrucht, Kompott, Mus, Marmelade, eine gewisse bakterizide Wirkung wurde beobachtet
Anbau: In Gärten in sonniger bis halbschattiger Lage auf frischen durchlässigen Böden, in Spätfrostlagen Ertrag unsicher
Zierwert: Graugrünes Laub, dichter Wuchs
Wuchs: Kleiner, 0,7 bis 1,0 m hoher dichter Strauch mit aufrechter Verzweigung
Resistenzen: Frostresistent, spätfrostgefährdet
Frucht: Schwarzblau, hellblau bereift, unregelmäßig oval-walzenförmig, 1,0 bis 1,5 cm lang, saftig, süß, wohlschmeckend, folgernd reifend von V bis VI
Anbauhinweise: Hausgarten, Zierform

Mispel, Sorte ‘Holländische Großfrüchtige’

Mespilus germanica

Synonyme: ‘Monstreuse de Hollande’, ‘Große Ancienne’, ‘Große Gartenmispel’
Herkunft: Herkunft der Sorte unbekannt
Verwendung: Nach Frosteinwirkung oder längerer Lagerung roh essbar, Mus, Marmelade, Mischung mit anderen Früchten, Zusatz zum Schönen von Obstwein
Anbau: Solitärgehölz in sonniger bis leicht schattiger Lage auf nährstoffreichen, durchlässigen Böden, meist auf Weißdorn veredelt
Zierwert: Laub, Blüte, Fruchtschmuck
Wuchs: Sparrig und breitästig wachsender Strauch, 3 bis 5 m hoch
Resistenzen: Trockenresistent, feuerbrandanfällig
Frucht: Groß, bis 6 cm breit und 65 g schwer, hoher Kernanteil, Reife X, enthält Stärke, Zucker, Pektin, Vitamin C, Samen enthält Öl
Anbauhinweise: Landschaftsgehölz, Hausgarten selten, Ziergehölz

Mispel, Sorte ‘Nottingham’

Mespilus germanica

Synonyme: ‘Frühe Englische’, ‘Großfrüchtige von Nottingham’
Herkunft: Zuchtsorte aus England
Verwendung: Nach Frosteinwirkung oder längerer Lagerung roh essbar, Mus, Marmelade in Mischung mit anderen Früchten, als Zusatz zum Schönen von Obstwein
Anbau: Solitärgehölz in sonniger bis leicht schattiger Lage auf nährstoffreichen, durchlässigen Böden, meist auf Weißdorn veredelt
Zierwert: Laub, Blüte, Fruchtschmuck
Wuchs: Sparrig und breitästig wachsender Strauch, 3 bis 4 m hoch
Resistenzen: Trockenresistent, feuerbrandanfällig
Frucht: Mittelgroß, kugelig, geringer Kernanteil, geschmacklich beste Sorte, enthält Stärke, Zucker, Pektin und Vitamin C
Anbauhinweise: Landschaftsgehölz, Zierstrauch, Hausgarten

Filz-Kirsche, Korea-Kirsche
Prunus tomentosa

Herkunft: Japan, Korea, China, Himalaja
Verwendung: Rohgenuss, Naschfrucht, Saft, Kompott, Marmelade, Gelee, Kuchenbelag
Anbau: Einzelstrauch, in Gruppen und frei wachsenden Hecken, für sonnige Lage, anspruchslos an Boden, verträgt Trockenheit; als Sämlingsunterlage für Pflaumen und Kirschen in Prüfung
Zierwert: Reich blühender Strauch, Fruchtschmuck
Wuchs: Breit aufrechter, dichter Strauch, 1,5 bis 2,5 m hoch, Jungtriebe filzig
Resistenzen: Frosthart, trockenresistent, empfindlich für Zweig-*Monilia*
Frucht: Helles Scharlachrot, kugelig, etwa 1 cm dick, fast sitzend, sehr saftreich, angenehm süßsäuerlich (ähnlich Amarellen), Reife VII, enthält Fruchtsäure, Zucker, Vitamine und Mineralstoffe
Anbauhinweise: Noch wenig bekannt, Hausgarten, Ziergehölz

Vitamin-Rose, Sorte 'Pi Ro 3'
Rosa dumalis × *R. pendulina* var. *salaevensis*

Synonyme: 'Pirosa', 'Rosamunde'
Herkunft: Zuchtsorte aus Dresden-Pillnitz
Verwendung: Tee, Mark, Marmelade, Gelee, Saft, Wein, Beilagen, Gebäckfüllungen
Anbau: Einzeln oder Hecken, auch für Plantagen, in sonniger Lage auf leichten bis mittelschweren, schwach sauren bis leicht alkalischen Böden
Zierwert: Blüten- und Fruchtschmuck
Wuchs: Breit aufrechter, lockerer Strauch, breit ausladende Zweige, bis 2 m hoch, Zweige fast stachellos
Resistenzen: Frosthart, kaum Mehltau oder Sternrußtau
Frucht: Leuchtend rot, 2,5 bis 3,5 cm lang, leicht borstig, Reife VIII bis IX, Früchte enthalten bis 1200 mg Vitamin C/100 g Frischsubstanz (!), sie werden schnell weich
Anbauhinweise: Hecken, erwerbsmäßig erst in den Anfängen, Zierstrauch, Hausgarten

Japanische Weinbeere

Rubus phoenicolasius

Herkunft: Japan, Korea, China
Verwendung: Naschfrucht, Marmelade
Anbau: Unter Bäumen oder an Mauern und Spalieren in halbschattiger oder absonniger Lage auf humosen, frischen neutralen bis leicht alkalischen Böden
Zierwert: Rotborstige Triebe, hübsche Blüte, leuchtende Früchte
Wuchs: Aufrecht bis stark bogenförmig überhängend, Ausläufer bildend, 2 bis 3 m hoch, Triebe borstig mit einzelnen derben Stacheln
Resistenzen: Resistent gegen Himbeerkäfer, auf Virusbefall ist zu achten
Frucht: Orange bis hochrote halbkugelige Sammelfrucht, saftig und wohlschmeckend, Reife VII bis VIII
Anbauhinweise: Hausgarten, Hecken, Anbauversuche am Beginn

Schwarzer Holunder, Sorte 'Black Beauty'

Sambucus nigra

Synonym: 'Gerda'
Herkunft: Wild wachsend in Europa, Westasien, Nordafrika, Zuchtsorte aus England
Verwendung: Zierstrauch, Saftgewinnung, Gelee, Marmelade, nicht für Rohgenuss
Anbau: In Gärten und Grünanlagen in sonniger bis halbschattiger Lage auf frischen, möglichst humosen, nährstoffreichen Böden
Zierwert: Dunkelbraunrote Belaubung, große rosa Blütenstände
Wuchs: 3 bis 4 m hoher, lockerer, breit ausladender Strauch
Resistenzen: Frostresistent, wenig Krankheiten und Schädlinge, bei Trockenheit kleinere Früchte und geringerer Ertrag, auf Läuse- und Milbenbefall achten
Frucht: Violettschwarze, kleine kugelige, saftreiche Beeren, Reife VIII bis IX
Anbauhinweise: Hausgarten, Landschaftsgehölz, Zierstrauch

Schwarzer Holunder, Sorte 'Haschberg'
Sambucus nigra

Herkunft: Zuchtsorte aus Österreich
Verwendung: Getränke, Gelee, Marmelade, industriell zur Farbstoffgewinnung, für Rohgenuss ungeeignet; Blüte für Tee und Holundersekt
Anbau: In sonniger bis halbschattiger Lage auf frischen, möglichst humosen, nährstoffreichen Böden
Zierwert: Schönes Blütengehölz
Wuchs: Starkwüchsiger, 3 bis 5 m hoher, breit buschiger Großstrauch
Resistenzen: Frostresistent, spätfrostverträglich, auf Läuse- und Milbenbefall achten, bei Nässe *Botrytis*-Gefahr
Frucht: Schwarzblaue, kugelige bis ovale saftreiche Beeren in großen, bis 1 kg schweren Fruchtständen, folgernd reifend, Reife IX, reich an Vitamin B, C, Karotin, Kalium
Anbauhinweise: Erwerbsanbau, Hausgarten, Landschaftsgehölz, Zierstrauch

Schwarzer Holunder, Sorte 'Sampo'
Sambucus nigra

Herkunft: Zuchtsorte aus Dänemark
Verwendung: Saftgewinnung, Getränke, Gelee, Marmelade, nicht für Rohgenuss; Blüte für Tee und Holundersekt
Anbau: In sonniger bis halbschattiger Lage auf frischen, möglichst humosen, nährstoffreichen Böden
Zierwert: Schönes Blütengehölz
Wuchs: Mittelstark, relativ dicht, 3 bis 4 m hoch
Resistenzen: Frostresistent, spätfrostverträglich, auf Läuse- und Milbenbefall achten, bei Nässe *Botrytis*-Gefahr
Frucht: Schwarze, glänzende, kugelige, relativ große saftreiche Beeren in mittelgroßen dichten Schirmrispen mit dunkelroten Stielen, gleichmäßig reifend von VIII bis IX
Anbauhinweise: Erwerbsanbau, Hausgarten, Landschaftsgehölz, Zierstrauch

Ebereschen-Hybride, Sorte 'Titan'

× Sorbaronia

Herkunft: Russische Zuchtsorte

Verwendung: Saft, Marmelade u. Ä., als Rohkost und Kompott nicht geeignet

Anbau: Einzelstrauch in freier sonniger Lage auf frischen tiefgründigen, schwach sauren Böden, Veredlung auf *Sorbus aucuparia*, auf Weißdorn weniger geeignet

Zierwert: Blüte, Fruchtschmuck, Herbstfärbung

Wuchs: Großer Strauch, 3 bis 4 m hoch, mit lockerer Verzweigung

Resistenzen: Kaum Schädlinge oder Krankheiten, frostresistent

Frucht: Stumpf dunkelrot, in kleiner lockerer Schirmrispe, hochkugelig, etwa 1,5 cm hoch und 1,4 cm breit, geringer Bitterstoffgehalt, Reife IX bis X

Anbauhinweise: Noch wenig bekannt, Hausgarten, Landschaftsgehölz, Zierstrauch

Edeleberesche, Sorte 'Klosterneuburger IV'

Sorbus aucuparia

Herkunft: Zuchtsorte aus Österreich

Verwendung: Ebereschendestillat (Vogelbeerschnaps), Konfitüre, Gelee, Sirup

Anbau: In Gärten, Plantagen, an Straßen, als Hausbaum in sonniger Lage auf frischen, tiefgründigen, auch steinigen, schwach sauren Böden, für Höhenlagen gut geeignet

Zierwert: Blüte, Fruchtschmuck

Wuchs: Kleiner bis mittelgroßer Baum mit kegelförmiger Krone

Resistenzen: Nicht trocken- und hitzetolerant, salzempfindlich (Schäden an Straßenbäumen)

Frucht: Orangerot, kugelig, bis 1,5 cm dick, Fruchtfleisch gelborange, frei von Bitterstoffen, Doldengewicht um 250 g, hoher Gehalt an Zucker (Sorbit für Diabetiker) und Vitamin C, Reife IX

Anbauhinweise: Erwerbsanbau, Hausgarten, Ziergehölz, Landschaftsbaum

Edeleberesche, Sorte 'Rosina'
Sorbus aucuparia

Herkunft: Zuchtsorte aus Dresden-Pillnitz
Verwendung: Süßmost, Sirup, Likör, Gelee, Konfitüre, Kompott, Branntweingewinnung
Anbau: In Gärten, Plantagen, an Straßen, als Hausbaum in sonniger Lage auf frischen, tiefgründigen, schwach sauren Böden, gut für Höhenlagen, nicht für Stadtklima
Zierwert: Blüte, Fruchtschmuck, Herbstfärbung
Wuchs: Kleiner bis mittelgroßer Baum, verträgt keinen starken Rückschnitt
Resistenzen: Trocken-, hitze- und salzempfindlich, wenig Krankheiten und Schädlinge
Frucht: Orangerot, kugelig, 1,0 bis 1,5 cm Durchmesser, Fruchtfleisch gelborange, herbsäuerlich, frei von Bitterstoffen, Reife IX, enthält 70 bis 120 mg Vitamin C/100 g Frischsubstanz, etwa 8% Zucker (teils als Sorbit)
Anbauhinweise: Erwerbsanbau, Hausgarten, Landschafts- und Straßenbaum

Speierling, Sorte 'Sossenheimer Riesen'
Sorbus domestica

Herkunft: Wildform Kleinasien, Südosteuropa, Sorte bei Frankfurt/M. ausgelesen
Verwendung: Für Apfelwein zur Klärung und besseren Haltbarkeit, Branntwein, teigige Früchte roh genießbar, wertvolles Edelholz
Anbau: In Obstgärten, Streuobstanlagen, wärmeliebend, in sonniger und halbschattiger Lage, kalkhaltige, auch trockene Böden
Zierwert: Blütenbaum, Blatt- und Fruchtschmuck
Wuchs: 10 (bis 20) m hoher Baum mit ausladender Krone
Resistenzen: Nur mäßig frostfest, windanfällig, gering feuerbrandanfällig, kaum spätfrostgefährdet, jung schorfanfällig
Frucht: Birnenförmig, 2 bis 4 cm lang und 3 cm dick, herbsauer, Reife IX bis X, enthält u.a. bis zu 2,5 % Gerbstoff
Anbauhinweise: Parkbaum, Landschaftsgehölz, Streuobst

Kultur-Heidelbeere, Sorte 'Bluecrop'

Vaccinium corymbosum

Herkunft: Wildformen in Nordamerika, Zuchtsorte aus USA
Verwendung: Frischverzehr, Saft, Marmelade
Anbau: Plantagen, saure, gut durchlüftete humose Böden oder Substrate in sonniger bis leicht halbschattiger Lage
Zierwert: Blüte, glühend rote Herbstfärbung
Wuchs: Aufrecht, etwa 1,5 bis 2,0 m hoch, bei vollem Besatz Zweige überhängend
Resistenzen: Trockenheitsresistent, frosthart, blütenfrostgefährdet, auf Blattlausbefall achten, Schäden durch Frostspanner möglich
Frucht: Mittelgroße, bis 1,5 cm dicke, rundlich abgeplattete, dunkelblaue, hellblau bereifte Beeren in langen lockeren Trauben, fest und wohlschmeckend, folgernd reifend von E VII bis M VIII, sehr ertragreich, enthält mehrere Vitamine und viel Kalium
Anbauhinweise: Erwerbsanbau, Direktvermarkter, Hausgarten

Kultur-Heidelbeere, Sorte 'Bluetta'

Vaccinium corymbosum

Herkunft: Zuchtsorte aus USA
Verwendung: Frischverzehr, Saft, Marmelade
Anbau: Plantagen, saure, gut durchlüftete humose Böden oder Substrate in sonniger bis leicht halbschattiger Lage, bereits als Jungpflanze recht ertragreich
Zierwert: Wuchs, Blüte, Herbstlaub
Wuchs: Mittelstark, breit und kompakt, etwa 1,0 bis 1,5 m hoch
Resistenzen: Trockenheitsresistent, frosthart, blütenfrostgefährdet, auf Blattlausbefall achten, Schäden durch Frostspanner möglich
Frucht: Mittelgroß, etwa 11 mm Durchmesser, in dichten mittelgroßen Trauben, dunkelblau, platzfest, Reife A VII, sehr wohlschmeckend, enthält mehrere Vitamine und viel Kalium
Anbauhinweise: Erwerbsanbau, Direktvermarkter, Hausgarten

Kultur-Heidelbeere, Sorte 'Patriot'

Vaccinium corymbosum

Herkunft: Zuchtsorte aus USA
Verwendung: Frischverzehr, Saft, Marmelade
Anbau: Vorrangig in Gärten, benötigt saure, gut durchlüftete, humose Böden oder Substrate, für sonnige Standorte, Beeren mit Netzen vor Vogelfraß schützen!
Zierwert: Blüte, Herbstfärbung
Wuchs: Aufrecht, stark wachsend, 1,5 bis 1,8 m hoch
Resistenzen: Frosthart, blütenfrostgefährdet, auf Blattlausbefall achten, Schäden durch Frostspanner möglich
Frucht: Sehr große, flachkugelige, hellblau bereifte Beeren in dichten Trauben, Beeren bis 2 cm breit, mittelfrüh reifend, etwa ab M VII, aromatisch mit ausgewogenem Süße-Säure-Verhältnis, Ertrag regelmäßig, hoch, enthält mehrere Vitamine und viel Kalium
Anbauhinweise: Hausgarten, Direktvermarkter

Kultur-Heidelbeere, Sorte 'Sunshine Blue'

Vaccinium corymbosum

Herkunft: Zuchtsorte aus USA
Verwendung: Frischverzehr, Naschfrucht
Anbau: Im Garten in sonniger Lage auf sauren, gut durchlüfteten humosen Böden oder Substraten, weniger anspruchsvoll an pH-Wert als andere Heidelbeersorten, Winterschutz erforderlich, Früchte mit Netzen vor Vogelfraß schützen!
Zierwert: Laub, Blüte und Fruchtschmuck
Wuchs: Aufrecht, ziemlich dicht, bis etwa 1,2 m hoch
Resistenzen: Trockenheitsresistent, weniger frosthart, blütenfrostgefährdet, auf Blattlausbefall achten, Schäden durch Frostspanner möglich
Frucht: Mittelgroß bis groß, kugelig bis flachkugelig, hellblau bereift, Reife folgernd von E VII bis E IX, ertragreich, wohlschmeckend
Anbauhinweise: Hausgarten, Direktvermarkter, Zierform

Großfrüchtige Moosbeere (Cranberry), Sorte ‘Franklin’

Vaccinium macrocarpon

Herkunft: Zuchtsorte: ‘Early Black’ × ‘Howes’
Verwendung: Saft, Konfitüre, Gelee, Soßen („Cranberrysoße“), Kompott
Anbau: In vollsonniger Lage auf Beeten oder Vorpflanzung vor Rhododendron, auf feuchten sauren Rohhumusboden, vor Barfrösten schützen
Zierwert: Bodendecker, Blüten, Früchte
Wuchs: Kriechend mit langen Trieben
Resistenzen: Frost- und trockenempfindlich, Triebsterben (*Diaporthe vaccinii*) kann auftreten
Frucht: Rot bis schwarzrot, kugelig, etwa 1 cm dick, Reife IX, Ernte im Spätherbst oder Frühjahr durch Pflücken oder Abkämmen, enthält Benzoesäure, Vitamin C, Pektin, Früchte lange haltbar
Anbauhinweise: Direktvermarkter, Erwerbsanbau, Zierpflanze (Bodendecker), im Hausgarten problematisch

Großfrüchtige Moosbeere (Cranberry), Sorte ‘Pilgrim’

Vaccinium macrocarpon

Herkunft: In Weißrussland ausgelesen
Verwendung: Saft, Konfitüre, Gelee, Soßen („Cranberrysoße“), Kompott
Anbau: In vollsonniger Lage auf Beeten oder Vorpflanzung vor Rhododendron, auf feuchten sauren Rohhumusboden, vor Barfrösten schützen
Zierwert: Bodendecker, Blüten, Früchte
Wuchs: Niederliegend kriechend, bildet dichte niedrige Polster
Resistenzen: Frostempfindlich, kaum Krankheiten, trockenempfindlich, Triebsterben (*Diaporthe vaccinii*) kann auftreten
Frucht: Von gelblich, orange bis schwarzrot, kugelig, bis fast 2 cm dick, spät reifend, Ernte bis zum Frühjahr durch Pflücken oder Abkämmen, enthält Benzoesäure, Vitamin C, Pektin, Früchte lange haltbar
Anbauhinweise: Erwerbsanbau, Direktvermarkter, Hausgarten, Zierpflanze

Preiselbeere, Sorte 'Erzgebirgsperle'

Vaccinium vitis-idaea

Herkunft: Zuchtsorte aus dem Erzgebirge
Verwendung: Nasskonserven, Marmelade u.Ä., Früchte und Blätter für Pharmazie
Anbau: Feldmäßig, im Garten auf Beeten oder Bodendecker in sonniger bis halbschattiger Lage auf sauren humos-sandigen Böden
Zierwert: Robust, immergrüner Bodendecker
Wuchs: Breit buschig, kompakt, etwa 10 bis 20 cm hoch, mit unterirdischen Kriechtrieben
Resistenzen: Sehr frosthart und anspruchslos, Triebsterben (*Diaporthe vaccinii*) kann auftreten
Frucht: Dunkelrote, kugelige, etwa 1 cm dicke Beeren in dichten Trauben, meist unter dem Laub, Reife VIII bis IX, reich tragend, enthält organische Säuren, Gerbstoffe, Pektin und mehrere Vitamine
Anbauhinweise: Erwerbsanbau, Direktvermarkter, Hausgarten

Preiselbeere, Sorte 'Koralle'

Vaccinium vitis-idaea

Herkunft: Holländische Zuchtsorte
Verwendung: Kompott, Marmelade, Konfitüre, Blätter zu Tee
Anbau: Feldmäßig, im Garten auf Beeten oder Bodendecker in sonniger bis halbschattiger Lage auf sauren humos-sandigen Böden
Zierwert: Bodendecker, Blüten- und Fruchtschmuck
Wuchs: Breit aufrecht mit langen Trieben, 20 bis 30 cm hoch, mit unterirdischen Kriechtrieben
Resistenzen: Sehr frosthart und anspruchslos, Triebsterben (*Diaporthe vaccinii*) kann auftreten
Frucht: Leuchtend rot, kugelig bis oval, 1,0 bis 1,2 cm lang, in sichtbaren überhängenden Trauben, herb schmeckend, ab VIII reifend, enthält Gerbstoffe, organische Säuren, Pektin und mehrere Vitamine
Anbauhinweise: Erwerbsanbau, Direktvermarkter, Hausgarten

Prunus cerasifera
Kirschpflaume, Myrobalane

Vorkommen: Balkan bis Mittelasien (Iran, Irak, Kaukasus, Krim, Anatolien), viele Ökotypen

Beziehung zur Kulturform: Neben der Schlehe eine Elternart der Pflaumen und Zwetschen, durch natürliche Bastardierung beider Arten und Chromosomenverdoppelung entstand aller Wahrscheinlichkeit nach unsere Hauspflaume

Verwendung: Häufig als starkwüchsige Unterlage für Pflaumen und Zwetschen, Pfirsiche, Aprikosen und Mandeln, in Mittelasien und im Kaukasus auch Früchte verarbeitet, gute Brennfrucht

Resistenzen: Trockenheitsresistent, resistent gegen Scharka

Wuchs: Baum, 5 bis 8 m hoch, breit, lockerkronig, schwachdornig oder dornenlos

Frucht: Sehr variabel, bis 20 mm Durchmesser, kugelig, Stiel 10 mm lang, gelb bis rot, violett, steinlösend, Stein rundlich glatt

Prunus spinosa
Schlehe, Schwarzdorn

Vorkommen: Nordafrika, Europa bis zum Ural, Nordanatolien, Kaukasus, Nordiran, Nordwestturkmenistan, Wald und Wegränder, sonnige Hecken, Magerweiden, Halden, Trockenhänge, kalkliebend

Beziehung zur Kulturform: Zusammen mit *P. cerasifera* (siehe dort) Elternart der Pflaumen und Zwetschen

Resistenzen: Scharkatolerant, robust, wenig Krankheiten und Schädlinge

Verwendung: Früchte nach Frosteinwirkung als Likör oder andere Verarbeitungsprodukte, Heckengehölz, selten als Pflaumenunterlage

Wuchs: Strauch, 1 bis 3 (4) m hoch, sparrig und stark dornig, dicht verzweigt, straff aufrecht, stark Ausläufer treibend

Frucht: 10 bis 15 (20) mm Durchmesser, kugelig, dunkelblau bereift, grünes Fleisch, sauer und stark adstringierend, Stein nicht lösend

Bühler Frühzwetsche

Synonyme: 'Bühler', 'Bühlertaler Frühzwetsche', zahlreiche Klone
Herkunft: Unbekannt, Zufallssämling
Verwendung: Tafelsorte, Verarbeitung, Mus, Bäckerei, Brennerei
Anbaueignung: Wärmere Lagen, feuchter Boden
Wuchs: Mittel bis stark, Krone mitteldicht
Unterlagen: Starkwüchsig GF 8/1, St. Julien, *Prunus domestica*; mittelstark GF 655/2 (Intensivanlagen!), Wangenheim, Ishtara
Befruchtung: Selbstfertil
Ertrag: Hoch bis sehr hoch, bei guter Pflege regelmäßig
Frucht: Mittelgroß, gut steinlösend, pflückreif M bis E VIII, folgernd, wohlschmeckend, angenehm süßsäuerlich, sehr gut zu transportieren, sehr hoher Marktwert
Resistenzen: Tolerant gegenüber Scharka, Blüte und Holz mittel frostresistent
Anbauhinweise: Erwerbsanbau, Selbstversorger, Hausgarten

Cacaks Beste

Synonym: 'Čačanska najbolja' (originaler Sortenname)
Herkunft: 'Wangenheim' × 'Pozegaca'
Verwendung: Tafelsorte
Anbaueignung: Nur für wärmere Lagen
Wuchs: Mittelstark, locker bis mitteldicht, neigt zur Verkahlung
Unterlagen: Starkwüchsig GF 8/1, St. Julien, *Prunus domestica*; mittelstark GF 655/2 (Intensivanlagen!), Wangenheim, Ishtara
Befruchtung: Selbststeril, Bestäuber u. a. 'Cacaks Schöne', 'Hanita', 'Ortenauer'
Ertrag: Hoch bei ausreichender Fremdbestäubung, bei guter Pflege regelmäßig
Frucht: Groß, gut steinlösend, pflückreif E VIII, folgernd, Geschmack mittel bis fad, sehr gut zu transportieren, Marktwert zurückgehend
Resistenzen: Tolerant gegenüber Scharka, Blüte und Holz mittel frostresistent
Anbauhinweise: Erwerbsanbau, Selbstversorger, Hausgarten

Cacaks Schöne

Synonym: 'Čačanska lepotica' (originaler Sortenname)
Herkunft: 'Wangenheim' × 'Pozegaca'
Verwendung: Tafelsorte, Konserven, Bäckerei, Verarbeitung
Anbaueignung: Für wärmere Lagen
Wuchs: Schwach bis mittelstark, locker bis mitteldicht
Unterlagen: Starkwüchsig GF 8/1, St. Julien, *Prunus domestica*; mittelstark GF 655/2 (Intensivanlagen!), Wangenheim, Ishtara
Befruchtung: Selbstfertil, unter ungünstigen Blühbedingungen guter Fruchtansatz
Ertrag: Sehr hoch, regelmäßig
Frucht: Groß, gut steinlösend, pflückreif A bis M VIII, Geschmack nur bei Vollreife gut, sehr gut zu transportieren, lange haltbar, Marktwert hoch
Resistenzen: Tolerant gegenüber Scharka
Anbauhinweise: Erwerbsanbau, Selbstversorger, Hausgarten

Elena

Synonyme: Keine
Herkunft: 'Fellenberg' × 'Stanley'
Verwendung: Tafelsorte, Konserven, Bäckerei, Verarbeitung
Anbaueignung: Für alle Lagen, wo die Sorte noch ausreift
Wuchs: Stark, nach Ertragsbeginn mittelstark, mitteldicht
Unterlagen: Starkwüchsig: GF 8/1, St. Julien, *Prunus domestica*; mittelstark GF 655/2 (Intensivanlagen!), Wangenheim, Ishtara
Befruchtung: Selbstfertil
Ertrag: Sehr hoch, regelmäßig
Frucht: Mittelgroß, von älteren Bäumen gut steinlösend, pflückreif nach 'Hauszwetsche' A X, Geschmack gut, sehr gut zu transportieren, lange haltbar, Marktwert hoch
Resistenzen: Tolerant gegenüber Scharka, wenig spätfrostempfindlich
Anbauhinweise: Erwerbsanbau, Selbstversorger, Hausgarten; EU-Sortenschutz

Gräfin Cosel

Synonyme: Keine
Herkunft: ('Frühe Fruchtbare' frei abgeblüht × 'Frigga') × 'Ruth Gerstetter'
Verwendung: Tafelsorte, nicht für Konservierung
Anbaueignung: Für alle Lagen
Wuchs: Mittelstark bis stark, hängende Gerüstäste, breitwüchsig
Unterlagen: Starkwüchsig GF 8/1, St. Julien, *Prunus domestica*; mittelstark GF 655/2 (Intensivanlagen!), Wangenheim, Ishtara
Befruchtung: Selbststeril, Bestäuber u. a. 'Frigga', 'Hauszwetsche', 'The Czar'
Ertrag: Mittel bis hoch, meist regelmäßig
Frucht: Groß, gut steinlösend, pflückreif A VIII, Geschmack für eine Frühsorte sehr gut, bei rechtzeitiger Pflücke gut transportabel
Resistenzen: Hochgradig tolerant gegenüber Scharka, wenig spätfrostempfindlich
Anbauhinweise: Selbstversorger, Hausgarten, Direktvermarkter

Hanita

Synonyme: Keine
Herkunft: 'President' × 'Auerbacher'
Verwendung: Tafelsorte, Konserven, Bäckerei, Brennerei, Verarbeitung
Anbaueignung: Für alle Lagen
Wuchs: Stark, nach Ertragsbeginn mittelstark, mitteldicht
Unterlagen: Starkwüchsig GF 8/1, St. Julien, *Prunus domestica*; mittelstark GF 655/2 (Intensivanlagen!), Wangenheim, Ishtara
Befruchtung: Selbstfertil
Ertrag: Hoch bis sehr hoch, regelmäßig
Frucht: Mittelgroß, meist gut steinlösend, pflückreif M VIII bis A IX, Geschmack sehr gut, sehr gut zu transportieren, lange haltbar, Marktwert hoch
Resistenzen: Scharkaanfällig, Früchte tolerant gegenüber Scharka, wenig spätfrostempfindlich
Anbauhinweise: Erwerbsanbau, Selbstversorger, Hausgarten; Sortenschutz in mehreren Ländern

Hauszwetsche

Synonyme: 'Hauspflaume', 'Bauernpflaume', 'Basler Zwetsche', 'Pozegaca', 'Bestercei', 'Quetsche Commune' u. a., viele Typen
Herkunft: Unbekannt
Verwendung: Tafelsorte, Konserven, Bäckerei, Brennerei, Verarbeitung, Mus
Anbaueignung: Für alle nicht scharkagefährdeten Lagen
Wuchs: Stark, Krone dicht
Unterlagen: Starkwüchsig GF 8/1, St. Julien, *Prunus domestica*; schwachwüchsig *Prunus tomentosa*
Befruchtung: Selbstfertil
Ertrag: Hoch bis sehr hoch, kann alternieren
Frucht: Klein, meist gut steinlösend, pflückreif M IX, Geschmack sehr gut, sehr gut zu transportieren, lange haltbar, Marktwert hoch
Resistenzen: Hochanfällig für Scharka, wenig spätfrostempfindlich
Anbauhinweise: Erwerbsanbau, Selbstversorger, Hausgarten, Streuobst

Jojo

Synonyme: Keine
Herkunft: 'Ortenauer' × 'Stanley'
Verwendung: Tafelsorte, Konserven, Bäckerei
Anbaueignung: Für alle scharkagefährdeten Lagen
Wuchs: Mittelstark, breitwüchsig, mitteldicht
Unterlagen: Keine Unverträglichkeit mit üblichen Unterlagen bekannt, starkwüchsig GF 8/1, St. Julien, *Prunus domestica*; mittelstark GF 655/2 (Intensivanlagen!), Wangenheim, Ishtara
Befruchtung: Selbstfertil
Ertrag: Sehr hoch, regelmäßig
Frucht: Mittelgroß, gut steinlösend, pflückreif vor 'Hauszwetsche' A IX, Geschmack mittel bis gut, gut zu transportieren, nicht vorzeitig ernten
Resistenzen: Weltweit erste Sorte mit Scharka-Resistenz
Anbauhinweise: Erwerbsanbau, Selbstversorger; EU-Sortenschutz

Katinka

Synonyme: Keine
Herkunft: 'Ortenauer' × 'Ruth Gerstetter'
Verwendung: Tafelsorte, Frühsorte für Bäckerei
Anbaueignung: Für alle frühen Lagen
Wuchs: Stark, nach Ertragsbeginn mittelstark, mitteldicht, kann etwas verkahlen
Unterlagen: Starkwüchsig GF 8/1, St. Julien, *Prunus domestica*; mittelstark GF 655/2 (Intensivanlagen!), Wangenheim, Ishtara
Befruchtung: Selbstfertil
Ertrag: Sehr hoch, regelmäßig, ausdünnen
Frucht: Mittelgroß, sehr gut steinlösend, pflückreif E VII bis A VIII, Geschmack gut, ausreichende Fruchtqualität bei guter Pflege, gut haltbar und transportabel
Resistenzen: Scharkaanfällig, Früchte sind tolerant gegenüber Scharka, wenig spätfrostempfindlich
Anbauhinweise: Erwerbsanbau, Selbstversorger, Hausgarten; EU-Sortenschutz

Ortenauer

Synonyme: 'Kruft II', 'Johannisberg II', 'Borsumer'
Herkunft: Unbekannt, Zufallssämling
Verwendung: Tafelsorte, Konserven, Bäckerei
Anbaueignung: Für alle nicht scharkagefährdeten Lagen
Wuchs: Mittelstark, mitteldicht, breitwüchsig
Unterlagen: Starkwüchsig GF 8/1, St. Julien, *Prunus domestica*; mittelstark GF 655/2 (Intensivanlagen!), Wangenheim, Ishtara
Befruchtunge: Selbstfertil
Ertrag: Hoch, regelmäßig
Frucht: Mittelgroß, bei starkem Behang klein, gut steinlösend, pflückreif A bis M IX, Geschmack bei schlechter Pflege flach, sehr gut zu transportieren, lange haltbar
Resistenzen: Anfällig für Scharka, wenig Monilia-Fruchtfäule
Anbauhinweise: Erwerbsanbau, Selbstversorger, Hausgarten, Streuobst

Presenta

Synonyme: Keine
Herkunft: ‘President’ × ‘Ortenauer’
Verwendung: Tafelsorte, Konserven, Bäckerei, Brennerei
Anbaueignung: Für späte Lagen
Wuchs: Mittelstark, mitteldicht, später hängendes Fruchtholz
Unterlagen: Starkwüchsig GF 8/1, St. Julien, *Prunus domestica*; mittelstark GF 655/2 (Intensivanlagen!), Wangenheim, Ishtara
Befruchtung: Selbstfertil
Ertrag: Sehr hoch, regelmäßig
Frucht: Mittelgroß, mittel bis gut steinlösend, pflückreif nach ‘Hauszwetsche’ M X, Geschmack sehr gut, sehr gut zu transportieren, rechtzeitig geerntet bis XII haltbar, Marktwert hoch
Resistenzen: Tolerant gegenüber Scharka
Anbauhinweise: Erwerbsanbau, Selbstversorger, Hausgarten; EU-Sortenschutz

President

Synonyme: Keine
Herkunft: Unbekannt, Zufallssämling
Verwendung: Tafelsorte, Verarbeitung
Anbaueignung: Wärmere Lagen
Wuchs: Sehr stark, locker, neigt zum Verkahlen
Unterlagen: Starkwüchsig GF 8/1, St. Julien, *Prunus domestica*; mittelstark GF 655/2 (Intensivanlagen!), Wangenheim, Ishtara
Befruchtung: Selbststeril, Bestäuber u. a. ‘Cacacs Schöne’, ‘Jojo’, ‘Ruth Gerstetter’, ‘Stanley’
Ertrag: Hoch, regelmäßig, ausdünnen
Frucht: Sehr groß, gut steinlösend, pflückreif nach ‘Hauszwetsche’ E IX, Geschmack gut bei rechtzeitiger Ernte, sehr gut zu transportieren, bis XII haltbar, Marktwert hoch
Resistenzen: Scharkaanfällig, Früchte tolerant gegenüber Scharka, in feuchten Jahren Fruchtmonilia
Anbauhinweise: Erwerbsanbau, Selbstversorger, Hausgarten

Tegera

Synonyme: Keine
Herkunft: 'Ortenauer' × 'Ruth Gerstetter'
Verwendung: Tafelsorte, Konserven, Bäckerei
Anbaueignung: Für alle Lagen
Wuchs: Stark, Krone locker aufgebaut
Unterlagen: Starkwüchsig GF 8/1, St. Julien, *Prunus domestica*; mittelstark GF 655/2 (Intensivanlagen!), Wangenheim, Ishtara
Befruchtung: Selbstfertil, guter Pollenspender
Ertrag: Hoch, regelmäßig
Frucht: Mittelgroß, sehr gut steinlösend, pflückreif M VII, A VIII, Geschmack harmonisch, sehr gut zu transportieren, Marktwert hoch besonders wegen ihrer Backfähigkeit als Frühsorte, wenig fäulnisanfällig
Resistenzen: Mittel anfällig für Scharka, Schäden an Früchten gering
Anbauhinweise: Erwerbsanbau, Selbstversorger, Hausgarten; EU-Sortenschutz

Valjevka

Synonyme: Keine
Herkunft: 'Prun d'Agen' × 'Stanley'
Verwendung: Tafelsorte, Konserven, Bäckerei, Brennerei
Anbaueignung: Für wärmere Lagen
Wuchs: Stark, breitpyramidale dichte Krone
Unterlagen: Starkwüchsig GF 8/1, St. Julien, *Prunus domestica*; mittelstark GF 655/2 (Intensivanlagen!), Wangenheim, Ishtara
Befruchtung: Selbstfertil
Ertrag: Hoch bis sehr hoch, bei guter Pflege regelmäßig, in ungünstigen Lagen nicht befriedigend
Frucht: Klein bis mittelgroß, meist gut steinlösend, pflückreif M IX, Geschmack bei voller Ausreife gut, transportabel und lange haltbar
Resistenzen: Scharkaanfällig, Früchte sind tolerant gegenüber Scharka
Anbauhinweise: Erwerbsanbau, Selbstversorger, Hausgarten

Nancymirabelle

Synonyme: ‘Doppelte Mirabelle’, ‘Drap d’Or’, ‘Mirabelle aus Nancy’, mehrere Klone
Herkunft: Unbekannt
Verwendung: Tafelsorte, Konserven, Brennerei
Anbaueignung: Für alle Lagen, in scharkagefährdeten Gebieten
Wuchs: Stark, locker verzweigt
Unterlagen: Starkwüchsig GF 8/1, St. Julien, *Prunus domestica*; mittelstark GF 655/2 (Intensivanlagen!), Wangenheim, Ishtara; schwach *Prunus tomentosa*
Befruchtung: Selbstfertil
Ertrag: Sehr hoch, nach vollem Behang Alternanz
Frucht: Klein, gut steinlösend, Pflückreif A IX, folgernd, Geschmack sehr gut, süß aromatisch, maschinell erntbar, gut zu transportieren
Resistenzen: Scharka, insgesamt sehr gesund
Anbauhinweise: Erwerbsanbau, Selbstversorger, Hausgarten, Landschaftsgehölz

Große Grüne Reneclode

Synonyme: ‘Zuckerpflaume’, ‘Dauphine’, ‘Reine Claude Verté’, ‘Green Gage’
Herkunft: Unbekannt
Verwendung: Tafelsorte, Konserven, Verarbeitung, Brennerei
Anbaueignung: Für wärmere Lagen
Wuchs: Mittelstark, locker verzweigt, im Alter breitwüchsig
Unterlagen: Starkwüchsig GF 8/1, St. Julien, *Prunus domestica*; mittelstark GF 655/2 (Intensivanlagen!), Wangenheim, Ishtara
Befruchtung: Selbststeril, Befruchter u.a. ‘Bühler Frühzwetsche’, ‘Hanita’, ‘Löhrpflaume’, ‘Nancymirabelle’
Ertrag: Mittelhoch, nach vollem Behang Alternanz
Frucht: Mittelgroß, rund, nur mäßig steinlösend, pflückreif E VIII, A IX, folgernd, Geschmack sehr gut, süß aromatisch, würzig
Resistenzen: Scharka, sehr gesund
Anbauhinweise: Selbstversorger, Hausgarten, Direktvermarktung

Cerasus avium
Vogel-Kirsche

Vorkommen: Europa bis Ukraine, Kaukasus, Nordanatolien, Nordafrika; Haine, Mischwälder
Beziehung zur Kulturform: Durch ständige Auslese großfrüchtiger Formen zur Süßkirsche domestiziert, mit *C. fruticosa* einer der Eltern der Sauerkirsche
Verwendung: Weit verbreitetes Forstgehölz, als Sämlingsunterlagen für Süß- und Sauerkirschen (bestimmte Auslesen, z.B. Alkavo), gut für Verarbeitung zu Likör oder als Brennkirsche
Resistenzen: Wenig anfällig für Sprühfleckenkrankheit (*Blumeriella jaapii*)
Wuchs: Baum, 30 m hoch, sehr wüchsig, aufrecht wachsend, pyramidal bis kegelförmig
Frucht: Bis 10 mm Durchmesser, Steinfrucht, kugelig, gelb, rosa, rot bis schwarzrot, süß, oft auch bitter, heutzutage nicht mehr verzehrt, Stiele 30 bis 40 mm lang, rotbraun

Cerasus fruticosa
Zwergweichsel, Steppen-Kirsche

Vorkommen: Osteuropa bis Ural; trockenes Gebüsch, vorwiegend auf Kalk und Lehm
Beziehung zur Kulturform: Zusammen mit *C. avium* einer der Eltern der Sauerkirsche
Verwendung: Als Kreuzungspartner in der Unterlagen- und Sauerkirschenzüchtung als Resistenzträger für Kokkomykoseresistenz genutzt
Resistenzen: Resistent gegen *Coccomyces hiemalis* (Kokkomykose), spätfrostgefährdet, allgemein sehr gesund
Wuchs: Strauch, 0,5 bis 1,0 m groß, Ausläufer treibend
Frucht: Erbsengroß, korallenrot, genießbare Steinfrucht, Stein spitz, zweikantig

Burlat

Synonyme: ‘Bigarreau Burlat’, ‘Hativ Burlat’, ‘Early Burlat’
Herkunft: Unbekannt, Zufallssämling
Verwendung: Frühe Tafelsorte
Anbaueignung: Für spätfrostsichere Lagen
Wuchs: Stark, breit ausladend, mitteldicht
Unterlagen: Starkwüchsig *Prunus avium* (Alkavo), auf leichten Böden *P. mahaleb*; mittelstark Weiroot 13, PiKu 3; schwach Gisela 5, PiKu 1
Befruchtung: Selbststeril, Sterilitäts-Allele S_3S_9**, Befruchter u.a. ‘Büttners’, ‘Johanna’, ‘Nadino’, ‘Van’
Ertrag: Hoch, regelmäßig
Frucht: Sehr groß, relativ fest, gut transportabel, Marktwert hoch, platzt und fault bei Nässe, Reife 2. Kirschwoche
Resistenzen: Valsa-Krankheit, mäßig blütenfrostempfindlich
Anbauhinweise: Erwerbsanbau, Direktvermarkter, Hausgärten (auf schwach wachsender Unterlage)

Büttners Rote Knorpel

Synonyme: ‘Altenburger Melone’, ‘Napoleon’, ‘Lauermanns Kirsche’, ‘Melonenkirsche’, ‘Royal Ann’, ‘Emporer Francis’, ‘Königskirsche’ u.a.
Herkunft: Unbekannt, Zufallssämling
Verwendung: Tafelsorte, Konserve
Anbaueignung: Für alle Lagen
Wuchs: Stark, anfangs steil, später breit ausladend, mitteldicht
Unterlagen: wie ‘Burlat’ (siehe dort)
Befruchtung: Selbststeril, Sterilitäts-Allele S_3S_4**, Befruchter u.a. ‘Burlat’, ‘Hedelfinger’, ‘Kassins’, ‘Sam’, ‘Spansche Knorpel’, ‘Van’
Ertrag: Sehr hoch, regelmäßig
Frucht: Mittelgroß, gut transportabel, Marktwert hoch, platzt und fault bei Nässe, Reife 4. bis 5. Kirschwoche
Resistenzen: Robust und gesund, mäßig blütenfrostempfindlich
Anbauhinweise: Erwerbsanbau, Selbstversorger, Hausgärten, Landschaftsgehölz

Große Schwarze Knorpel

Synonyme: 'Cerise Coeur Noir', 'Elkhorn', 'Bigarreau Noir', 'Weilheimer Riesen' u. a.
Herkunft: Unbekannt, Zufallssämling
Verwendung: Tafelsorte, Konserve
Anbaueignung: Für wärmere Lagen, in milden Höhenlagen
Wuchs: Sehr stark, breit ausladend
Unterlagen: wie 'Burlat' (siehe dort)
Befruchtung: Selbststeril, Sterilitäts-Allele S_3S_5**, Befruchter u. a. 'Büttners', 'Kassins', 'Knauffs', 'Kordia', 'Sam', 'Spansche Knorpel', 'Van'
Ertrag: Mittelhoch, regelmäßig
Frucht: Mittelgroß, feinknorpelig, gut transportabel, Marktwert hoch, platzt bei Nässe, Reife 6. Kirschwoche
Resistenzen: Gering blütenfrostempfindlich, mittlere Anfälligkeit für Valsa, staunässeempfindlich (Gummifluss)
Anbauhinweise: Erwerbsanbau, Selbstversorger, Hausgärten, Landschaftsgehölz

Hedelfinger

Synonyme: 'Hedelfinger Riesen', 'Wahler Kirsche', 'Froschmaul', 'Abels Späte' u. a.
Herkunft: Unbekannt, Zufallssämling
Verwendung: Tafelsorte, Konserve
Anbaueignung: Für alle Lagen mit wenig Sommerniederschlägen
Wuchs: Stark, breit ausladend
Unterlagen: wie 'Burlat' (siehe dort)
Befruchtung: Selbststeril, Sterilitäts-Allele S_3S_5**, Befruchter u. a. 'Kassins', 'Knauffs', 'Kordia', 'Sam', 'Spansche Knorpel', 'Van'
Ertrag: Hoch, regelmäßig
Frucht: Mittelgroß, relativ fest, gut transportabel, Marktwert hoch, platzt und fault bei Nässe, Reife 7. Kirschwoche
Resistenzen: Mäßig blütenfrostempfindlich, anfällig für Valsa, Monilia, Gummifluss
Anbauhinweise: Erwerbsanbau, Selbstversorger, Landschaftsgehölz (Streuobst)

Katalin

Synonyme: Keine
Herkunft: 'Germersdorfer' × 'Podebrad sarga'
Verwendung: Tafelsorte, Konserve
Anbaueignung: Für alle Kirschlagen
Wuchs: Mittel bis stark, breit ausladend
Unterlagen: wie 'Burlat' (siehe dort)
Befruchtung: Selbststeril, Sterilitäts-Allele S_4S_{12}**, Befruchter u.a. 'Hedelfinger', 'Linda', 'Regina', 'Sam', 'Van'
Ertrag: Hoch, regelmäßig
Frucht: Groß, fest, gut transportabel, platzt wenig, Reife 7. bis 8. Kirschwoche
Resistenzen: Bisher sehr gesund, noch wenig Erfahrung
Anbauhinweise: Erwerbsanbau, Selbstversorger, Hausgärten (auf schwach wachsenden Unterlagen); Sortenschutz in mehreren Ländern

Kordia

Synonyme: 'Techlovicka II', 'Techlo'
Herkunft: Unbekannt, Zufallssämling
Verwendung: Tafelsorte, Konserve
Anbaueignung: Für alle spätfrostsicheren, auch höheren Lagen
Wuchs: Stark bis sehr stark, breit ausladend
Unterlagen: wie 'Burlat' (siehe dort)
Befruchtung: Selbststeril, Sterilitäts-Allele S_3S_6**, Befruchter u.a. 'Hedelfinger', 'Johanna', 'Nadino', 'Schneiders', 'Van'
Ertrag: Hoch, regelmäßig
Frucht: Groß, glänzend, knorpelig, gut transportabel, Marktwert sehr hoch, geringe Platzneigung, Reife 6. Kirschwoche
Resistenzen: Blütenfrostempfindlich, mäßig anfällig für Valsa
Anbauhinweise: Erwerbsanbau, Selbstversorger, Hausgärten (auf schwach wachsenden Unterlagen)

Namare

Synonyme: Keine
Herkunft: 'Große Schwarze Knorpel' frei abgeblüht
Verwendung: Tafelsorte, Konserve
Anbaueignung: Für alle spätfrostsicheren Lagen, auch in höheren Lagen
Wuchs: Mittelstark, ausladend, dicht
Unterlagen: wie 'Burlat' (siehe dort)
Befruchtung: Selbststeril, Sterilitäts-Allele S_3S_4**, Befruchter u.a. 'Hedelfinger', 'Knauffs', 'Sam', 'Valeska', 'Van', 'Victor'
Ertrag: Sehr hoch, regelmäßig
Frucht: Mittelgroß, mittelfest, gut transportabel, geringe Neigung zum Faulen und Platzen, Reife 4. bis 5. Kirschwoche
Resistenzen: Wenig blütenfrostempfindlich, mäßig anfällig für Valsa
Anbauhinweise: Erwerbsanbau, Selbstversorger, Hausgärten (auf schwach wachsenden Unterlagen); Sortenschutz

Namati

Synonyme: Keine
Herkunft: 'Bopparder Kracher' frei abgeblüht
Verwendung: Tafelsorte, Konserve
Anbaueignung: Für alle, auch höhere Lagen
Wuchs: Mittelstark, mitteldicht
Unterlagen: wie 'Burlat' (siehe dort)
Befruchtung: Selbststeril, Sterilitäts-Allele S_1S_4**, Befruchter u.a. 'Hedelfinger', 'Knauffs', 'Nanni', 'Sam', 'Spansche Knorpel', 'Valeska', 'Van'
Ertrag: Hoch, regelmäßig
Frucht: Mittelgroß, mittelfest und knorpelig, geringe Neigung zum Platzen, Reife 7. bis 8. Kirschwoche
Resistenzen: Wenig blütenfrostempfindlich, anfällig für Schrotschusskrankheit
Anbauhinweise: Erwerbsanbau, Selbstversorger, Hausgärten (auf schwach wachsenden Unterlagen); Sortenschutz

Regina

Synonyme: Keine
Herkunft: 'Schneiders Späte Knorpel' × 'Rube'
Verwendung: Tafelsorte, Konserve
Anbaueignung: Für alle Kirschlagen, auch in kühleren Lagen
Wuchs: Mittelstark, aufrecht, mitteldicht
Unterlagen: Wie 'Burlat' (siehe dort)
Befruchtung: Selbststeril, Sterilitäts-Allele S_1S_3**, Befruchter u.a. 'Große Schwarze Knorpel', 'Hudson', 'Sam', 'Summit'
Ertrag: Hoch, regelmäßig
Frucht: Groß bis sehr groß, fest und stark knorpelig, geringe Neigung zum Platzen und Faulen, sehr gut transportabel, sehr hoher Marktwert, Reife 7. Kirschwoche
Resistenzen: Wenig blütenfrostempfindlich
Anbauhinweise: Erwerbsanbau, Selbstversorger (auf schwach wachsenden Unterlagen)

Schneiders Späte Knorpel

Synonyme: 'Haumüller', 'Höfchenkirsche', 'Nürtinger Riesen', 'Kaukasische', 'Zeppelin', wahrscheinlich auch 'Germersdorfer'
Herkunft: Unbekannt, Zufallssämling
Verwendung: Tafelsorte, Konserve
Anbaueignung: Für wärmere Kirschlagen auf guten Böden
Wuchs: Stark, steil, pyramidal, mitteldicht
Unterlagen: Wie 'Burlat' (siehe dort)
Befruchtung: Selbststeril, Sterilitäts-Allele S_3S_{12}**, Befruchter u.a. 'Büttners', 'Hedelfinger', 'Kordia', 'Regina', 'Sam', 'Valeska', 'Van'
Ertrag: Mittelhoch, nur unter optimalen Bedingungen regelmäßig
Frucht: Mittelgroß, knorpelig, hohe Neigung zum Platzen, Faulen, Röteln, Reife 6. Kirschwoche
Resistenzen: Wenig blütenfrostempfindlich, anfällig für Valsa und Monilia
Anbauhinweise: Erwerbsanbau, Selbstversorger, Hausgärten, Streuobst

Spansche Knorpel

Synonyme: 'Rote Leberkirsche', 'Rote Spansche Knorpel'
Herkunft: Unbekannt, Zufallssämling
Verwendung: Tafelsorte, Konserve
Anbaueignung: Für Kirschlagen mit leichten Böden und guter Wasserführung
Wuchs: Mittelstark, breit ausladend, mitteldicht
Unterlagen: Wie 'Burlat' (siehe dort)
Befruchtung: Selbststeril, Sterilitäts-Allele S_3S_5**, Befruchter u. a. 'Büttners', 'Burlat', 'Hedelfinger', 'Kassins', 'Nadino', 'Sam', 'Van'
Ertrag: Sehr hoch, regelmäßig
Frucht: Mittelgroß, knorpelig, hohe Neigung zum Platzen und Faulen, Reife 5. Kirschwoche
Resistenzen: Mittel blütenfrostempfindlich, gering anfällig für Valsa
Anbauhinweise: Erwerbsanbau, Selbstversorger, Hausgärten (auf schwach wachsenden Unterlagen)

Stella

Synonyme: Keine
Herkunft: 'Lambert' × John Innes Sämling 2420 (selbstfertil)
Verwendung: Tafelsorte, Konserve
Anbaueignung: Für alle Kirschlagen
Wuchs: Stark, breit ausladend, dicht
Unterlagen: Wie 'Burlat' (siehe dort)
Befruchtung: Selbstfertil, guter Bestäuber, Sterilitäts-Allele S_1S_4'**
Ertrag: Hoch bis sehr hoch, regelmäßig
Frucht: Groß, mittelfest und knorpelig, hohe Neigung zum Platzen und Faulen, Reife 6. Kirschwoche
Resistenzen: Mittel blütenfrostempfindlich, anfällig für Valsa und Monilia
Anbauhinweise: Erwerbsanbau, Selbstversorger, Hausgärten (auf schwach wachsenden Unterlagen), günstig als Einzelbaum zu pflanzen, da kein Bestäuber notwendig

Summit

Synonyme: Keine
Herkunft: 'Van' × 'Sam'
Verwendung: Tafelsorte
Anbaueignung: Frostfreie Kirschlagen mit guten Böden, anspruchsvoll
Wuchs: Sehr stark, dicht
Unterlagen: Wie 'Burlat' (siehe dort)
Befruchtung: Selbststeril, Sterilitäts-Allele S_1S_2**, Befruchter u.a. 'Große Schwarze Knorpel', 'Kordia', 'Regina'
Ertrag: Hoch bis sehr hoch, regelmäßig
Frucht: Sehr groß, mittelfest und knorpelig, nur mittlere Neigung zum Platzen und Faulen, hervorragende Qualität, vor allem für Frischmarkt, Reife 6. Kirschwoche
Resistenzen: Mittel blütenfrostempfindlich
Anbauhinweise: Erwerbsanbau, Selbstversorger, Hausgärten (auf schwach wachsenden Unterlagen)

Sunburst

Synonyme: Keine
Herkunft: 'Van' × 'Stella'
Verwendung: Tafelsorte
Anbaueignung: Für gute Kirschlagen in sommertrockenen Gebieten
Wuchs: Stark, aufrecht, mitteldicht
Unterlagen: Wie 'Burlat' (siehe dort)
Befruchtung: Selbstfertil, guter Bestäuber, Sterilitäts-Allele S_3S_4'**
Ertrag: Hoch, regelmäßig
Frucht: Sehr groß, weich, hohe Neigung zum Platzen und Faulen, wenig transportfest, Reife 4. Kirschwoche
Resistenzen: Anfällig für Fruchtmonilia, noch wenig Erfahrung
Anbauhinweise: Selbstversorger, Hausgärten (auf schwach wachsenden Unterlagen), günstig als Einzelbaum zu pflanzen, da kein Bestäuber notwendig

Sweetheart

Synonym: 'Sumtare' (Sortenname)
Herkunft: 'Van' × 'Newstar'
Verwendung: Tafelsorte, Konserve
Anbaueignung: Nur für beste Kirschlagen in sommertrockenen Gebieten
Wuchs: Mittelstark, breitwüchsig
Unterlagen: Wie 'Burlat' (siehe dort)
Befruchtung: Selbstfertil, guter Bestäuber, Sterilitäts-Allele S_3S_4'**
Ertrag: Sehr hoch, regelmäßig
Frucht: Mittelgroß bis groß, fest, hohe Neigung zum Platzen und Faulen, transportfest, Reife 7. Kirschwoche
Resistenzen: Anfällig für Fruchtmonilia, noch wenig Erfahrung
Anbauhinweise: Erwerbsanbau (unter Folie), Selbstversorger (auf schwach wachsenden Unterlagen), günstig als Einzelbaum zu pflanzen, da kein Bestäuber notwendig; EU-Sortenschutz

Techlovan

Synonyme: Keine
Herkunft: 'Van' × 'Kordia'
Verwendung: Tafelsorte, Konserve
Anbaueignung: Für alle nicht zu nassen Kirschlagen, auch in kühleren Gebieten
Wuchs: Mittelstark, etwas hängend, mitteldicht
Unterlagen: Wie 'Burlat' (siehe dort)
Befruchtung: Selbststeril, Sterilitäts-Allele S_3S_6**, Befruchter u. a. 'Hedelfinger', 'Oktavia', 'Stella', 'Regina'
Ertrag: Hoch, regelmäßig
Frucht: Groß bis sehr groß, fest und knorpelig, Neigung zum Platzen und Faulen ist mittel, gut transportfähig, hoher Marktwert, Reife 6. Kirschwoche
Resistenzen: Mittel blütenfrostempfindlich
Anbauhinweise: Erwerbsanbau, Selbstversorger, Hausgärten; Sortenschutz in mehreren Ländern

Fanal

Synonyme: 'Heimanns Konservenweichsel', 'Heimann 23'
Herkunft: Unbekannt, Zufallssämling
Verwendung: Steril-, Gefrierkonserve, Saft
Anbaueignung: Für alle Kirschlagen
Wuchs: Mittel bis stark, aufrecht, mitteldicht, kaum verkahlend, gute Regeneration
Unterlagen: Starkwüchsig *Prunus avium* (Alkavo, F12/1), auf leichten Böden besser *P. mahaleb*; mittelstark Weiroot-Klone (13, 154, 158)
Befruchtung: Selbstfertil
Ertrag: Hoch, regelmäßig
Frucht: Mittel bis groß, weich bis mittelfest, gut transportabel, sauer und aromatisch, stark saftend, Saft dunkelweinrot, wohlschmeckend, Reife M VI (6. Kirschwoche)
Resistenzen: Wenig blütenfrostgefährdet, stark anfällig für *Pseudomonas* (Bakterienbrand)
Anbauhinweise: Erwerbsanbau, Selbstversorger, Hausgärten

Karneol

Synonyme: Keine
Herkunft: 'Köröser' × 'Schattenmorelle'
Verwendung: Steril- und Gefrierkonserve, Tafelfrucht, häusliche Verwertung
Anbaueignung: Für geschützte und warme Standorte
Wuchs: Stark, aufrecht, mitteldicht verzweigt
Unterlagen: wie 'Fanal' (siehe dort)
Befruchtung: Teilweise selbstfertil, Befruchter u. a. 'Fanal', 'Kelleriis 16', 'Schattenmorelle', auch Süßkirschen
Ertrag: Mittelhoch, regelmäßig
Frucht: Groß, mittelfest, gut transportabel, süßsauer und aromatisch, stark saftend, Saft rot bis dunkelrot, sehr wohlschmeckend, Reife E VII (7. Kirschwoche)
Resistenzen: Wenig Monilia-Spitzendürre, tolerant gegen Stecklenberger Krankheit, blütenfrostempfindlich
Anbauhinweise: Selbstversorger, Hausgärten, Erwerbsanbau; Sortenschutz

Köröser

Synonyme: 'Köröser Weichsel', 'Pandy'
Herkunft: Unbekannt, zahlreiche Klone
Verwendung: Steril- und Gefrierkonserve, Tafelfrucht
Anbaueignung: Für geschützte und warme Standorte
Wuchs: Mittelstark bis stark, aufrecht, mitteldicht verzweigt
Unterlagen: wie 'Fanal' (siehe dort)
Befruchtung: Selbststeril, Befruchter u. a. 'Fanal', 'Kelleriis 16', 'Schattenmorelle', auch Süßkirschen
Ertrag: Mittelhoch, unregelmäßig, kann gänzlich versagen
Frucht: Mittelgroß, mittelfest, gut transportabel, sehr aromatisch, Saft rot bis braunrot, sehr wohlschmeckend, Reife E VII (7. Kirschwoche)
Resistenzen: Wenig Monilia-Spitzendürre und *Pseudomonas*, tolerant gegen Stecklenberger Krankheit, blütenfrostempfindlich
Anbauhinweise: Selbstversorger, Hausgärten

Morina

Synonym: 'Morion'
Herkunft: 'Köröser' × 'Reinhards Ostheimer'
Verwendung: Steril- und Gefrierkonserve, Tafelfrucht, Saft
Anbaueignung: Für alle Lagen mit besseren Böden
Wuchs: Mittelstark, aufrecht, dicht verzweigt, Spindelerziehung
Unterlagen: wie 'Fanal' (siehe dort)
Befruchtung: Teilweise selbstfertil, Befruchter u. a. 'Fanal', 'Kelleriis 16', 'Schattenmorelle', benötigt gutes Blühwetter
Ertrag: Mittelhoch bis hoch, regelmäßig
Frucht: Mittelgroß, fest, gut transportabel, würzig sauer, Saft dunkelrot, wohlschmeckend, Reife M VI (6. Kirschwoche)
Resistenzen: Monilia-Spitzendürre, tolerant gegen Stecklenberger Krankheit, wenig blütenfrostempfindlich
Anbauhinweise: Selbstversorger, Hausgärten, Erwerbsanbau; Sortenschutz

Safir

Synonyme: Keine
Herkunft: ‘Schattenmorelle’ × ‘Fanal’
Verwendung: Steril- und Gefrierkonserve, Tafelfrucht, Saft
Anbaueignung: Für alle Lagen mit besseren Böden
Wuchs: Mittelstark, aufrecht, dicht verzweigt
Unterlagen: wie ‘Fanal’ (siehe dort)
Befruchtung: Selbstfertil
Ertrag: Mittelhoch bis hoch, regelmäßig
Frucht: Groß, weich, süßsauer, Saft dunkelrot, wohlschmeckend, Reife M VII (6. Kirschwoche)
Resistenzen: Wenig Monilia-Spitzendürre, tolerant gegen Stecklenberger Krankheit, mäßig widerstandsfähig gegenüber Blütenfrost
Anbauhinweise: Selbstversorger, Hausgärten, Erwerbsanbau; Sortenschutz

Schattenmorelle

Synonym: ‘Große Lange Lotkirsche’
Herkunft: Unbekannt, Zufallssämling, zahlreiche Klone
Verwendung: Saft, Steril- und Gefrierkonserve
Anbaueignung: Für alle nicht zu trockene und spätfrostsichere Lagen, sehr anpassungsfähig
Wuchs: Mittelstark, hängend bis schleudernd, dicht verzweigt, neigt zur Verkahlung, (ständiges Verjüngen!)
Unterlagen: wie ‘Fanal’ (siehe dort)
Befruchtung: Selbstfertil
Ertrag: Sehr hoch, regelmäßig
Frucht: Klein bis mittelgroß, weich, maschinell erntbar, stark saftend, sauer, Saft dunkelrot, aromatisch, Reife M VII bis A VIII (7. Kirschwoche)
Resistenzen: Hoch anfällig für Monilia-Spitzendürre und Stecklenberger Krankheit, empfindlich für Blütenfrost
Anbauhinweise: Erwerbsanbau, Selbstversorger, Hausgärten

Topas

Synonyme: Keine
Herkunft: 'Kelleriis 16' × 'Fanal'
Verwendung: Saft, nicht für Frischverzehr
Anbaueignung: Für frostgeschützte Lagen mit besseren Böden
Wuchs: Stark, streng aufrecht, dicht verzweigt
Unterlagen: *Prunus avium* (Alkavo, F12/1), auf leichten Böden besser *P. mahaleb*
Befruchtung: Teilweise selbstfertil, Befruchter u. a. 'Fanal', 'Kelleriis 16'
Ertrag: Mittelhoch bis hoch, regelmäßig
Frucht: Mittelgroß bis groß, weich, stark sauer, Saft tief weinrot, Früchte lange hängen lassen erhöht Fruchtqualität und Erntbarkeit, Reife M VII (6. Kirschwoche)
Resistenzen: Anfällig für Monilia-Spitzendürre und Blütenfrost
Anbauhinweise: Erwerbsanbau, Hausgärten; Sortenschutz

Ungarische Traubige

Synonym: 'Ujfehertoi fürtös' (Originalname)
Herkunft: Unbekannt, Zufallssämling
Verwendung: Steril- und Gefrierkonserve, Tafelfrucht, Saft
Anbaueignung: Für geschützte Standorte
Wuchs: Sehr stark, steil aufrecht, mitteldicht verzweigt
Unterlagen: wie 'Fanal' (siehe dort)
Befruchtung: Selbstfertil, unter ungünstigen Blühbedingungen Fremdbestäubung vorteilhaft, Befruchter u. a. 'Fanal', 'Kelleriis 16', 'Schattenmorelle'
Ertrag: Mittelhoch, nicht immer regelmäßig
Frucht: Mittelgroß, mittelfest, gut transportabel, süßsauer und aromatisch, stark saftend, Saft rot bis rotviolett, sehr wohlschmeckend, Reife E VII (7. Kirschwoche)
Resistenzen: Tolerant gegen Stecklenberger Krankheit, empfindlich für Blütenfrost und Kokkomykose
Anbauhinweise: Erwerbsanbau, Selbstversorger, Hausgärten

Armeniaca vulgaris (*Prunus armeniaca*)

Aprikose, Wildaprikose

Vorkommen: N- und NO-China entlang der Großen Mauer, Zentralasien, Iran, Afghanistan bis in Gebirgsregionen der Türkei, viele verwandte Arten und Unterarten, *Armeniaca brigantiaca* ist in den Alpen beheimatet

Beziehung zur Kulturform: Vorfahre der Kulturaprikose, durch ständige Auslese, später durch gezielte Kreuzungen zu den heutigen Sorten entwickelt

Verwendung: Obstnutzung, Brennerei, Veredlungsunterlage

Resistenzen: Resistent gegenüber *Monilia laxa*, *Stigmina carpophila* (Schrotschusskrankheit), Winterfrost, trockenresistent

Wuchs: Busch, 3 bis 8 m hoch

Frucht: Sehr variabel, etwa 15 bis 30 mm Durchmesser, kugelig bis leicht länglich, meist grüngelb, mitunter rötlich, meist genießbar, sauer bis süßsauer, mehlig, meist steinlösend, Stein stark ölhaltig

Persica vulgaris (*Prunus persica*)

Pfirsich, Wildpfirsich

Vorkommen: Zentralasien, China, eine Wärme liebende Gruppe (vor allem *P. vulgaris*) wird in allen südchinesischen Provinzen, eine weniger frostempfindliche Gruppe entlang und nördlich des Gelben Flusses gefunden (*P. mongolica*, *P. triloba*, *P. davidiana* u. a.).

Beziehung zur Kulturform: Vorfahre des Kulturpfirsichs, ständige Auslese, später gezielte Kreuzung führte zu den heutigen Sorten

Verwendung: Obstnutzung, Brennerei und als Veredlungsunterlage

Resistenzen: Anfällig für viele Pilzkrankheiten und Virosen sowie Insektenbefall

Wuchs: Busch, 2 bis 6 m hoch

Frucht: Sehr variabel, etwa 20 bis 60 mm Durchmesser, kugelig bis leicht länglich, meist rötlich, auch grüngelb, meist genießbar, süß, auch bitter und mehlig, steinlösend und steinhaftend, je nach Art und Unterart

Bergeron

Synonym: ‘Gabrielle Bergeron’
Herkunft: Um 1920 von Bergeron bei Lyon, Frankreich, gezüchtet
Verwendung: Konservenindustrie, Tafelfrucht, häusliche Verwertung, Brennen
Anbaueignung: Frostsichere warme Lagen
Wuchs: Stark, halb aufrecht
Unterlagen: Aprikosen-Sämling, St. Julien A, GF 522, Wangenheim-Sämling, Hinduka-Sämling, Orleans-Sämling, je nach gebietsspezifischer Eignung
Befruchtung: Selbstfertil, benötigt gutes Blühwetter
Ertrag: Früh, sehr hoch, regelmäßig, mehrmaliges Durchpflücken erforderlich
Frucht: Mittelgroß, orange, rot punktiert, fast glatte Schale, fest, sehr gut transportabel, gut steinlösend, wenig saftig, säuerlich, aromatisch, Reife M VIII
Resistenzen: Wenig spätfrostanfällig
Anbauhinweise: Erwerbsanbau, Selbstversorger, Direktvermarkter, Hausgärten

Hargrand

Synonyme: Keine
Herkunft: Zufallssämling, von Layne, Harrow in Kanada, 1972 ausgelesen
Verwendung: Konserven, Tafelfrucht, häusliche Verwertung, Brennen
Anbaueignung: Frostsichere warme Lagen
Wuchs: Stark, halb aufrecht, breite Krone
Unterlagen: Aprikosen-Sämling, St. Julien A, GF 522, Wangenheim-Sämling, Hinduka-Sämling, Orleans-Sämling, je nach gebietsspezifischer Eignung
Befruchtung: Selbstfertil
Ertrag: Sehr früh, sehr hoch, regelmäßig
Frucht: Sehr groß, mattorange, leicht rot punktiert, fast glatte Schale, fest, sehr gut transportabel, sehr gut steinlösend, festfleischig, säuerlich, aromatisch, Reife E VII bis A VIII, bis 4 Wochen lagerfähig
Resistenzen: Wenig spätfrostempfindlich, allgemein wenig krankheitsanfällig
Anbauhinweise: Erwerbsanbau, Selbstversorger, Direktvermarkter, Hausgärten

Kuresia

Synonyme: Keine
Herkunft: Unbekannt, Zufallssämling, von Fuchs und Grüntzig, (Halle), ausgelesen
Verwendung: Tafelfrucht, häusliche Verwertung, Konserven, Brennen
Anbaueignung: Frostsichere warme Lagen, wenig anspruchsvoll, Anbau vor allem in scharkagefährdeten Gebieten
Wuchs: Mittelstark, halb aufrecht
Unterlagen: Siehe 'Bergeron'
Befruchtung: Wahrscheinlich selbstfertil, benötigt gutes Blühwetter
Ertrag: Früh, hoch, regelmäßig
Frucht: Mittelgroß, fast glatte Schale, sehr gut transportabel, gut steinlösend, mittelfestfleischig, säuerlich, mäßig aromatisch, Reife E VII bis A VIII
Resistenzen: Erste Sorte mit Resistenz gegenüber Scharka, wenig spätfrostempfindlich, wenig krankheitsanfällig
Anbauhinweise: Selbstversorger, Direktvermarkter, Erwerbsanbau, Hausgärten

Ungarische Beste

Synonyme: 'Klosterneuburger', 'Rote Marille', 'Rote Aprikose', 'Ungarische'
Herkunft: Unbekannt, Zufallssämling
Verwendung: Konserven, Tafelfrucht, häusliche Verwertung, Brennen
Anbaueignung: Frostsichere warme Lagen
Wuchs: Stark, später mittelstark, halb aufrecht, breite kleine Krone
Unterlagen: Siehe 'Bergeron'
Befruchtung: Selbstfertil, benötigt gutes Blühwetter, guter Bestäuber
Ertrag: Früh, hoch, regelmäßig, mehrmaliges Durchpflücken erforderlich
Frucht: Mittelgroß, leicht bewollte Schale, fest, sehr gut transportabel, gut steinlösend, reif saftig, süßsäuerlich, wenig aromatisch, Aroma entwickelt sich erst während der Verarbeitung, Reife M VII bis A VIII, wird mehlig
Resistenzen: Wenig spätfrostanfällig, empfindlich für Monilia
Anbauhinweise: Erwerbsanbau, Selbstversorger, Direktvermarkter, Hausgärten

Benedicte

Synonyme: Keine
Herkunft: Zuchtsorte aus Frankreich
Verwendung: Tafelfrucht, häusliche Verwertung, Konserve
Anbaueignung: Frostsichere wärmere Lagen
Wuchs: Stark, breit ausladende Krone
Unterlagen: Pfirsich-Sämling, Rubira, St. Julien A, GF 522, Wangenheim-Sämling, Ackermann, Hinduka-Sämling, je nach gebietsspezifischer Eignung
Befruchtung: Selbstfertil, benötigt gutes Blühwetter
Ertrag: Hoch, regelmäßig
Frucht: Sehr groß, wenig behaart, fest, gut transportabel, kaum druckempfindlich, sehr gut steinlösend, sehr süß und saftig, kräftiges Aroma, Reife E VIII, einige Zeit lagerbar
Resistenzen: Allgemein sehr gesund, frostempfindlich, wenig Kräuselkrankheit
Anbauhinweise: Erwerbsanbau, Selbstversorger, Hausgärten

Bero

Synonyme: Keine
Herkunft: Auslese aus 'Beste von Rothe'
Verwendung: Tafelfrucht, häusliche Verwertung, Konserve
Anbaueignung: Frostsichere wärmere Lagen
Wuchs: Wächst stark, aufrecht, breit ausladende Krone
Unterlagen: Pfirsich-Sämling, Rubira, St. Julien A, GF 522, Wangenheim-Sämling, Ackermann, Hinduka-Sämling, je nach gebietsspezifischer Eignung
Befruchtung: Selbstfertil, benötigt gutes Blühwetter
Ertrag: Hoch, regelmäßig
Frucht: Mittelgroß, mäßig fest, gut transportabel, wenn rechtzeitig geerntet, später druckempfindlich, gut steinlösend, sehr süß und saftig, Reife E VIII bis A IX
Resistenzen: Blüte und Holz gut frostverträglich, wenig Kräuselkrankheit
Anbauhinweise: Selbstversorger, Hausgärten, Erwerbsanbau

Fairhaven

Synonyme: Keine
Herkunft: ‘J.H. Hale’ × ‘South Haven’
Verwendung: Tafelfrucht, häusliche Verwertung, Konserve
Anbaueignung: Frostsichere wärmere Lagen
Wuchs: Stark, breit ausladende Krone
Unterlagen: Pfirsich-Sämling, Rubira, St. Julien A, GF 522, Wangenheim-Sämling, Ackermann, Hinduka-Sämling, je nach gebietsspezifischer Eignung
Befruchtung: Selbstfertil, benötigt gutes Blühwetter
Ertrag: Hoch, regelmäßig
Frucht: Groß bis sehr groß, wenig behaart, fest, gut transportabel, kaum druckempfindlich, gut steinlösend, sehr süß und saftig, kräftiges Aroma, Reife M VIII, bessere Qualität als ‘Red Haven’
Resistenzen: Frostempfindlich, mittel empfindlich für Kräuselkrankheit
Anbauhinweise: Erwerbsanbau, Selbstversorger, Hausgärten

Kernechter vom Vorgebirge

Synonyme: ‘Roter Ellerstädter’, ‘Vorgebirgspfirsich’
Herkunft: Auslese von ‘Roter Ellerstädter’, viele Typen
Verwendung: Tafelfrucht, Konserve, Brennerei
Anbaueignung: Auch in Grenzlagen für Pfirsiche
Wuchs: Sehr stark, später nachlassend, breit ausladende Krone
Unterlagen: Siehe ‘Fairhaven’
Befruchtung: Selbstfertil, benötigt gutes Blühwetter
Ertrag: Sehr hoch, regelmäßig, ausdünnen
Frucht: Mittelgroß, stark behaart, fest, gut transportabel, sehr gut steinlösend, sehr süß und saftig, kräftiges Aroma, Reife M IX, Früchte einige Zeit lagerbar
Resistenzen: Frostempfindlich, wenig Kräuselkrankheit
Anbauhinweise: Erwerbsanbau, Selbstversorger, Hausgärten

Nerine

Synonyme: Keine
Herkunft: 'Fairhaven' geselbstet
Verwendung: Tafelfrucht, häusliche Verwertung, Konserve
Anbaueignung: Frostsichere wärmere Lagen
Wuchs: Sehr stark, später nachlassend, breit ausladende Krone
Unterlagen: Pfirsich-Sämling, Rubira, St. Julien A, GF 522, Wangenheim-Sämling, Ackermann, Hinduka-Sämling
Befruchtung: Selbstfertil, benötigt gutes Blühwetter
Ertrag: Hoch
Frucht: Mittelgroß bis groß, leicht behaart, fest, gut transportabel, kaum druckempfindlich, mittelmäßig steinlösend, sehr süß und saftig, angenehmes mittleres Aroma, Reife M VII
Resistenzen: Frostempfindlich, empfindlich für Kräuselkrankheit
Anbauhinweise: Selbstversorger, Hausgärten, Erwerbsanbau

Pilot

Synonyme: Keine
Herkunft: Unbekannt, Zufallssämling
Verwendung: Tafelfrucht, häusliche Verwertung, Konserve
Anbaueignung: Auch in Grenzlagen
Wuchs: Stark, hochkugelige Krone
Unterlagen: Pfirsich-Sämling, Rubira, St. Julien A, GF 522, Wangenheim-Sämling, Ackermann, Hinduka-Sämling, je nach gebietsspezifischer Eignung
Befruchtung: Selbstfertil, benötigt gutes Blühwetter
Ertrag: Sehr hoch, regelmäßig, ausdünnen
Frucht: Mittelgroß bis groß, stark behaart, fest, gut transportabel, gut steinlösend, süß und saftig, kräftiges Aroma, Reife M VIII, einige Zeit lagerbar
Resistenzen: Wenig frostempfindlich, wenig Kräuselkrankheit, Blüte weniger frostgefährdet als bei anderen Pfirsichsorten
Anbauhinweise: Erwerbsanbau, Selbstversorger, Hausgärten

Red Haven

Synonym: 'Redhaven'
Herkunft: 'Hale Haven' × 'Kalhaven'
Verwendung: Tafelfrucht, häusliche Verwertung, Konserve
Anbaueignung: Frostsichere wärmere Lagen, sehr anpassungsfähig
Wuchs: Mittelstark bis stark, breit ausladende Krone, Fruchtastumtrieb wichtig
Unterlagen: Siehe 'Fairhaven'
Befruchtung: Selbstfertil, benötigt gutes Blühwetter
Ertrag: Sehr hoch, regelmäßig, ausdünnen
Frucht: Mittelgroß bis groß, stark behaart, fest, gut transportabel, kaum druckempfindlich, sehr gut steinlösend, sehr süß und saftig, kräftiges Aroma, Reife A VIII
Resistenzen: Empfindlich für Kräuselkrankheit und Frost
Anbauhinweise: Erwerbsanbau, Selbstversorger, Hausgärten

Starcrest

Synonyme: Keine
Herkunft: Mutation aus 'Springcrest'
Verwendung: Tafelfrucht, häusliche Verwertung, Konserve
Anbaueignung: Frostsichere wärmere Lagen
Wuchs: Mittelstark bis stark, breit ausladende Krone
Unterlagen: Siehe 'Fairhaven'
Befruchtung: Selbstfertil, benötigt gutes Blühwetter
Ertrag: Hoch, regelmäßig
Frucht: Mittelgroß, stark behaart, mittel bis schlecht steinlösend, Stein oft gespalten, süß und saftig, mittleres Aroma, Reife A VII, für die frühe Reife sehr schöne Früchte von guter Qualität
Resistenzen: Empfindlich für Kräuselkrankheit und Frost
Anbauhinweise: Erwerbsanbau, Selbstversorger, Hausgärten

Arapaho

Synonyme: Keine
Herkunft: Zuchtsorte aus USA
Verwendung: Frischverzehr, häusliche Verwertung, Verarbeitung
Anbaueignung: Ohne besondere Ansprüche
Wuchs: Stark bis sehr stark, unbestachelt
Reifezeit: Sehr früh, ab E VII
Befruchtung: Selbstfertil, guter Bienenbeflug notwendig, Fremdbestäubung kann höheren Ertrag bringen, im Hausgarten reicht eine Sorte
Ertrag: Sehr hoch, lange Ernteperiode, zahlreiche Pflückdurchgänge
Frucht: Sehr groß, stark glänzend, fest, am Strauch einige Zeit haltbar, leicht zu pflücken, mildes Aroma, Geschmack sehr gut
Resistenzen: Brombeerrost, wenig Mehltau, mittelstark anfällig für *Gnomonia*-Rindenbrand
Anbauhinweise: Erwerbsanbau, Direktvermarkter, Hausgärten; Sortenschutz in mehreren Ländern

Black Satin

Synonyme: Keine
Herkunft: (Resistente Zuchtstämme × 'Darrow') × 'Thornfree'
Verwendung: Frischverzehr, häusliche Verwertung, Verarbeitung
Anbaueignung: Frostschutz im Winter, regelmäßiger Schnitt
Wuchs: Stark bis sehr stark, unbestachelt
Reifezeit: Zwischen VIII und X
Befruchtung: Selbstfertil, guter Bienenbeflug notwendig, Fremdbestäubung kann höheren Ertrag bringen, im Hausgarten reicht eine Sorte
Ertrag: Sehr hoch, sehr lange Ernteperiode, zahlreiche Pflückdurchgänge
Frucht: Sehr groß, stark glänzend, mittelfest, am Strauch kaum haltbar, leicht zu pflücken, mildes Aroma, Geschmack säuerlich, gut
Resistenzen: Anfällig für Fruchtfäule und Brombeermilbe, Blüte spätfrostgefährdet
Anbauhinweise: Erwerbsanbau, Direktvermarkter, Hausgärten

Nessy

Synonyme: 'Loch Ness', 'Nessie'
Herkunft: Zuchtsorte aus Schottland
Verwendung: Frischverzehr, häusliche Verwertung, Verarbeitung
Anbaueignung: Frostschutz im Winter, regelmäßiger Schnitt, Stützgerüst
Wuchs: Sehr stark, unbestachelt
Reifezeit: Zwischen E VII und IX
Befruchtung: Selbstfertil, guter Bienenbeflug notwendig, Fremdbestäubung kann höheren Ertrag bringen, im Hausgarten reicht eine Sorte
Ertrag: Mittelhoch, lange Ernteperiode, zahlreiche Pflückdurchgänge
Frucht: Groß, stark glänzend, fest, am Strauch wenige Tage haltbar, leicht zu pflücken, kräftiges Aroma, Geschmack süß-säuerlich, gut
Resistenzen: Wenig Fruchtfäulen
Anbauhinweise: Erwerbsanbau, Direktvermarkter, Hausgärten; Sortenschutz in mehreren Ländern

Theodor Reimers

Synonyme: 'Himalaya', 'Black Diamond', 'Sandbrombeere'
Herkunft: Auslese aus der Sandbrombeere, *Rubus discolor*
Verwendung: Frischverzehr, häusliche Verwertung, Verarbeitung
Anbaueignung: Frostschutz im Winter, regelmäßiger Schnitt, Stützgerüst, gutes Regenerationsvermögen
Wuchs: Sehr stark, stark bestachelt
Reifezeit: Zwischen E VII und IX
Befruchtung: Selbstfertil
Ertrag: Mittelhoch bis hoch, lange Ernteperiode, zahlreiche Pflückdurchgänge
Frucht: Mittelgroß, glänzend, fest, am Strauch einige Tage haltbar, schwer zu pflücken, vollreif kräftiges Aroma, süß
Resistenzen: Wenig anfällig für Fruchtfäulen, Ruten frostempfindlich, Blüten weniger
Anbauhinweise: Direktvermarkter, Hausgärten

Thornfree

Synonym: 'Black Thornfree'
Herkunft: ('Merton Thornless' × 'Brainerd') × ('Eldorado' × 'Merton Thornless')
Verwendung: Frischverzehr, häusliche Verwertung, Verarbeitung
Anbaueignung: Frostschutz im Winter, regelmäßiger Schnitt, Stützgerüst
Wuchs: Sehr stark, unbestachelt
Reifezeit: Zwischen E VIII und X
Befruchtung: Selbstfertil, Fremdbestäubung kann höheren Ertrag bringen, im Hausgarten reicht eine Sorte
Ertrag: Hoch, lange Ernteperiode, zahlreiche Pflückdurchgänge
Frucht: Sehr groß, stark glänzend, fest, am Strauch wenige Tage haltbar, am Gerüst leicht zu pflücken, vollreif kräftiges Aroma, Geschmack säuerlich
Resistenzen: Anfällig für Fruchtfäulen, Brombeermilbe, Rutenkrankheiten
Anbauhinweise: Direktvermarkter, Hausgärten

Thornless Evergreen

Synonyme: 'Blacky', 'Domino'
Herkunft: Mutation von 'Oregon Evergreen' (*Rubus laciniatus*)
Verwendung: Frischverzehr, häusliche Verwertung, Verarbeitung
Anbaueignung: Ohne besondere Anforderungen, regelmäßiger Schnitt, Stützgerüst
Wuchs: Stark, unbestachelt, bildet bestachelte Bodentriebe
Reifezeit: Von VIII bis zum Frosteintritt
Befruchtung: Selbstfertil, Fremdbestäubung kann höheren Ertrag bringen, im Hausgarten reicht eine Sorte
Ertrag: Hoch, lange Ernteperiode, zahlreiche Pflückdurchgänge
Frucht: Mittelgroß, glänzend, fest, am Strauch einige Tage haltbar, am Gerüst leicht zu pflücken, Geschmack säuerlich
Resistenzen: Anfällig für Brombeermilbe, Rote Spinne, weniger für Rutenkrankheiten
Anbauhinweise: Erwerbsanbau, Direktvermarkter, Hausgärten

Blissy

Synonym: 'Autumn Bliss' (Sortenname)
Herkunft: Mehrfachkreuzung mit 'Malling M'
Verwendung: Frischverzehr, häusliche Verwertung, Verarbeitung
Anbaueignung: Herbsttragende Sorte ohne besondere Ansprüche
Wuchs: Stark, Jungruten zahlreich, mittelstark bewehrt
Reifezeit: VIII, für herbsttragende Sorten früh, trägt bis zum ersten Frost
Befruchtung: Selbstfertil, Fremdbestäubung kann höheren Ertrag bringen
Ertrag: Sommerernte gering, Herbsternte hoch
Frucht: Groß, mittelstark glänzend, fest, leicht vom Zapfen lösend, Aroma mittel bis gut, häufiges Durchpflücken erforderlich
Resistenzen: Wenig Wurzelfäule und Himbeerblattlaus (Virusüberträger)
Anbauhinweise: Erwerbsanbau, Selbstversorger, Hausgärten; Sortenschutz in mehreren Ländern

Elida

Synonym: 'Rafzmach' (Sortenname)
Herkunft: 'Malling M' × 'Chilcotin'
Verwendung: Frischverzehr, häusliche Verwertung
Anbaueignung: Sommertragend, ohne besondere Ansprüche
Wuchs: Schwach, Jungruten zahlreich, leicht bewehrt
Reifezeit: VII, nur kurze Ernteperiode
Befruchtung: Selbstfertil, guter Bienenbeflug ist notwendig, Fremdbestäubung kann höheren Ertrag bringen
Ertrag: Hoch, Sorte neigt zum Remontieren
Frucht: Mittelgroß, nur mittelfest, leicht vom Zapfen lösend, Aroma mittel, Geschmack mittelmäßig bis gut, häufiges Durchpflücken erforderlich
Resistenzen: Früchte sind witterungsempfindlich, über Krankheiten wenig Erfahrung
Anbauhinweise: Erwerbsanbau, Selbstversorger, Hausgärten; Sortenschutz in mehreren Ländern

Glen Ample

Synonyme: Keine
Herkunft: Mehrfachkreuzung von 'Glen Prosen' und 'Meeker'
Verwendung: Frischverzehr, Verarbeitung
Anbaueignung: Sommertragend, ohne besondere Ansprüche
Wuchs: Stark, Jungruten zahlreich, stachellos
Reifezeit: VII, A VIII, nach 'Elida', lange Ernteperiode
Befruchtung: Selbstfertil, guter Bienenbeflug ist notwendig, Fremdbestäubung kann höheren Ertrag bringen
Ertrag: Hoch
Frucht: Groß, glänzend, fest, attraktiv, leicht vom Zapfen lösend, Aroma mittel, Geschmack leicht säuerlich, angenehm, häufiges Durchpflücken erforderlich
Resistenzen: Wenig Rutenkrankheiten, stärker empfindlich für Himbeerrost
Anbauhinweise: Erwerbsanbau, Direktvermarkter, Selbstversorger; EU-Sortenschutz

Himbo Queen

Synonym: 'Rafzeter' (Sortenname)
Herkunft: 'Puyallup Large' × 'Malling Expoit'
Verwendung: Frischverzehr, Verarbeitung
Anbaueignung: Sommertragende Sorte, Windschutz empfehlenswert
Wuchs: Stark, Jungruten zahlreich, mittelstark bewehrt
Reifezeit: VII, VIII, mittelspät
Befruchtung: Selbstfertil, guter Bienenbeflug notwendig, Fremdbestäubung kann höheren Ertrag bringen
Ertrag: Hoch bis sehr hoch
Frucht: Groß, glänzend, mittelfest, gut vom Zapfen lösend, Aroma stark, Geschmack gut, angenehm, häufiges Durchpflücken erforderlich
Resistenzen: Anfällig für Rutenkrankheiten, wenig Fruchtfäule
Anbauhinweise: Erwerbsanbau, Direktvermarkter, Hausgärten; Sortenschutz

Rubaca

Synonym: 'Niniane'
Herkunft: 'Rutrago' × 'Latham'
Verwendung: Frischverzehr, häusliche Verwertung, Verarbeitung
Anbaueignung: Sommertragend, ohne besondere Ansprüche
Wuchs: Mittelstark, Jungruten weniger zahlreich, stark bewehrt
Reifezeit: VII, VIII, mittelspät
Befruchtung: Selbstfertil, guter Bienenbeflug notwendig, Fremdbestäubung kann höheren Ertrag bringen
Ertrag: Mittel bis hoch, lange Ernteperiode
Frucht: Mittel bis groß, nur mäßig fest, daher nur kurze Zeit haltbar, gut vom Zapfen lösend, Aroma stark, Geschmack gut, häufiges Durchpflücken erforderlich
Resistenzen: *Phytophtora*-Wurzelfäule, winterfrosthart
Anbauhinweise: Direktvermarkter, Hausgärten, Erwerbsanbau; EU-Sortenschutz

Rumiloba

Synonyme: Keine
Herkunft: 'Promiloy' × Resistenter Zuchtstamm
Verwendung: Frischverzehr, häusliche Verwertung, Verarbeitung, günstig unter Folie
Anbaueignung: Sommertragend, ohne besondere Ansprüche
Wuchs: Stark bis sehr stark, Jungruten zahlreich, mittelstark bewehrt
Reifezeit: VIII, IX, sehr spät
Befruchtung: Selbstfertil, guter Bienenbeflug notwendig
Ertrag: Mittel bis hoch, lange Ernteperiode
Frucht: Groß bis sehr groß, stark glänzend, fest, am Strauch einige Zeit haltbar, mittelschwer vom Zapfen lösend, Aroma stark, Geschmack gut, zahlreiche Pflückdurchgänge
Resistenzen: Himbeerblattlaus (Virusüberträger) und Rutensterben, bei Nässe nicht winterfrosthart
Anbauhinweise: Erwerbsanbau, Direktvermarkter, Hausgärten; Sortenschutz

Rutrago

Synonyme: 'Bauer 50', 'Rucanta'
Herkunft: Resistenter Zuchtstamm × 'Tragilo'
Verwendung: Frischverzehr, häusliche Verwertung, Verarbeitung
Anbaueignung: Sommertragend, ohne besondere Ansprüche
Wuchs: Sehr stark, wenig Jungruten, nur gering bewehrt
Reifezeit: VIII, mittelspät
Befruchtung: Selbstfertil, guter Bienenbeflug notwendig
Ertrag: Sehr hoch, lange Ernteperiode, zahlreiche Pflückdurchgänge
Frucht: Groß, glänzend, sehr fest, am Strauch einige Zeit haltbar, mittelschwer vom Zapfen lösend, Aroma stark mit starker Säure und Süße, Geschmack sehr gut
Resistenzen: Himbeerblattlaus (Virusüberträger), Rutensterben, empfindlich für Fruchtfäule
Anbauhinweise: Erwerbsanbau, Direktvermarkter, Hausgärten; Sortenschutz

Schönemann

Synonyme: Keine
Herkunft: 'Lloyd George' × 'Preußen'
Verwendung: Frischverzehr, häusliche Verwertung, Gefrierkonservierung
Anbaueignung: Sommertragend, ausreichende Wasserversorgung wichtig, nur virusfreies Pflanzmaterial verwenden, sonst Abbauerscheinungen
Wuchs: Sehr stark, viele Jungruten, mittelstark bewehrt
Reifezeit: VIII, spät
Befruchtung: Selbstfertil
Ertrag: Hoch bis sehr hoch, lange Ernteperiode, zahlreiche Pflückdurchgänge
Frucht: Groß, glänzend, mittelfest bis fest, am Strauch einige Zeit haltbar, leicht vom Zapfen lösend, Aroma stark mit starker Säure und Süße, Geschmack sehr gut
Resistenzen: Wenig Rutensterben, empfindlich für Fruchtfäule
Anbauhinweise: Erwerbsanbau, Direktvermarkter, Hausgärten

Jonkheer van Tets

Synonyme: Keine
Herkunft: 'Fays Fruchtbare' frei abgeblüht
Verwendung: Frischverzehr, häusliche Verwertung, Verarbeitung
Anbaueignung: Ohne besondere Anforderungen, Auslichtungsschnitt erforderlich, zur Heckenerziehung geeignet
Wuchs: Stark, sparrig, aufrecht, buschig
Reifezeit: Sehr früh
Befruchtung: Selbstfertil
Ertrag: Mittelhoch, neigt zum Verrieseln
Frucht: Langer Fruchtstand, lockerer Beerensitz, Früchte mittelfest bis weich, platzen und faulen bei Nässe, schlecht zu transportieren, mittelgroß, säuerlicher Geschmack, kräftiges Aroma
Resistenzen: Anfällig für Rotpustelkrankheit und Fruchtfäulnis, spätfrostempfindlich, wenig Blattfallkrankheit
Anbauhinweise: Direktvermarkter, Hausgärten, Erwerbsanbau

Koral

Synonyme: Keine
Herkunft: Zuchtklon × 'Rote Vierländer'
Verwendung: Frischverzehr, häusliche Verwertung, Verarbeitung
Anbaueignung: Ohne besondere Anforderungen, Auslichtungsschnitt erforderlich, zur Heckenerziehung geeignet
Wuchs: Mittel bis stark, gerade, aufrecht, gutes Regenerationsvermögen
Reifezeit: Spät
Befruchtung: Selbstfertil
Ertrag: Hoch, Sorte neigt kaum zum Verrieseln
Frucht: Langer Fruchtstand, lockerer Beerensitz, Früchte fest, längere Zeit am Strauch haltbar, gut zu transportieren, süß-säuerlicher Geschmack, kräftiges Aroma
Resistenzen: Mittel anfällig für Blasenlausbefall, wenig regenempfindlich
Anbauhinweise: Erwerbsanbau, Direktvermarkter, Hausgärten; Sortenschutz in mehreren Ländern

Rolan

Synonyme: Keine
Herkunft: 'Jonkheer van Tets' × 'Rosetta'
Verwendung: Frischverzehr, häusliche Verwertung, Verarbeitung
Anbaueignung: Ohne besondere Anforderungen, Auslichtungsschnitt erforderlich
Wuchs: Stark, gerade, aufrecht, mittelstark verzweigt, gutes Regenerationsvermögen
Reifezeit: Mittelspät
Befruchtung: Selbstfertil
Ertrag: Hoch bis sehr hoch, Sorte neigt kaum zum Verrieseln
Frucht: Langer Fruchtstand, lockerer Beerensitz, Früchte sehr fest, längere Zeit am Strauch haltbar, gut zu transportieren, saurer Geschmack, kräftiges Aroma
Resistenzen: Wenig Blattfallkrankheit, gering regenempfindlich, gering anfällig für Mehltau
Anbauhinweise: Erwerbsanbau, Direktvermarkter, Hausgärten

Rosetta

Synonyme: Keine
Herkunft: 'Jonkheer van Tets' × 'Heinemanns Rote Spätlese'
Verwendung: Häusliche Verwertung, Verarbeitung
Anbaueignung: Ohne besondere Anforderungen, Auslichtungsschnitt erforderlich
Wuchs: Sehr stark, gerade, aufrecht, dichte Büsche, stark verzweigt
Reifezeit: Spät
Befruchtung: Selbstfertil
Ertrag: Sehr hoch, Sorte neigt nicht zum Verrieseln
Frucht: Langer Fruchtstand, dichter Beerensitz, Früchte sehr fest, längere Zeit am Strauch haltbar, gut zu transportieren, säuerlicher Geschmack, kräftiges Aroma
Resistenzen: Wenig Blattfallkrankheit und Mehltau, Früchte regenempfindlich
Anbauhinweise: Hausgärten

Rotet

Synonyme: Keine
Herkunft: 'Jonkheer van Tets' × 'Heinemanns Rote Spätlese'
Verwendung: Frischmarkt, häusliche Verwertung, Verarbeitung
Anbaueignung: Ohne besondere Anforderungen, Auslichtungsschnitt erforderlich
Wuchs: Sehr stark, gerade, teils überhängend, buschig, mittelstark verzweigt
Reifezeit: Mittelspät
Befruchtung: Selbstfertil
Ertrag: Sehr hoch, Sorte neigt nicht zum Verrieseln
Frucht: Langer Fruchtstand, etwas dichter Beerensitz, Früchte fest, längere Zeit am Strauch haltbar, gut zu transportieren, groß, säuerlicher Geschmack, kräftiges Aroma
Resistenzen: Blattfallkrankheit, Früchte regenfest, gering anfällig für Mehltau
Anbauhinweise: Direktvermarkter, Hausgärten

Rovada

Synonym: 'Robella'
Herkunft: 'Fays Fruchtbare' × 'Heinemanns Rote Spätlese'
Verwendung: Frischmarkt, häusliche Verwertung, Verarbeitung
Anbaueignung: Ohne besondere Anforderungen, Auslichtungsschnitt erforderlich
Wuchs: Mittelstark, buschig bis breit buschig, wenig verzweigt, aufrecht
Reifezeit: Spät
Befruchtung: Selbstfertil
Ertrag: Hoch, Sorte neigt kaum zum Verrieseln
Frucht: Langer Fruchtstand, lockerer Beerensitz, Früchte fest, längere Zeit am Strauch haltbar, gut zu transportieren, groß, saurer Geschmack, kräftiges Aroma
Resistenzen: Wenig Blattfallkrankheit und Mehltau, Früchte mittel regenfest, anfällig für Anthraknose
Anbauhinweise: Erwerbsanbau, Direktvermarkter, Hausgärten

Ben Lomond

Synonyme: Keine
Herkunft: (‘Consort’ × ‘Magnus’) × (‘Brödtorp’ × ‘Janslunda’)
Verwendung: Frischmarkt, Verarbeitung
Anbaueignung: Ohne besondere Anforderungen, regelmäßiger Schnitt
Wuchs: Stark, mitteldicht, buschig, viele Basistriebe
Reifezeit: Mittelspät
Befruchtung: Selbstfertil, Fremdbestäubung günstiger für bessere Befruchtung (2 Sorten pflanzen!)
Ertrag: Mittel bis hoch, neigt wenig zum Verrieseln
Frucht: Mittellanger Fruchtstand, Früchte fest, groß, längere Zeit am Strauch haltbar, säuerlicher Geschmack, mittleres Aroma
Resistenzen: Wenig Mehltau, anfällig für Kospengallmilbe, wenig spätfrostgefährdet
Anbauhinweise: Erwerbsanbau, Direktvermarkter, Hausgärten

Bona

Synonyme: Keine
Herkunft: ‘Ojebin’ × (*Ribes dikusa* × ‘Climax’)
Verwendung: Frischmarkt, Verarbeitung
Anbaueignung: Spätfrostgeschützte Lagen, regelmäßiger Schnitt
Wuchs: Mittelstark, mitteldicht, breit ausladende Büsche
Reifezeit: Früh
Befruchtung: Selbstfertil, Fremdbestäubung günstiger für bessere Befruchtung (2 Sorten pflanzen!)
Ertrag: Nur mittel, Sorte neigt wenig zum Verrieseln
Frucht: Kurzer Fruchtstand, Früchte fest, groß, nur kurze Zeit am Strauch haltbar, sehr milder, süßlich aromatischer Geschmack, angenehmes Aroma
Resistenzen: Mehltau, etwas Säulenrost, anfällig für Gallmilbe, spätfrostgefährdet
Anbauhinweise: Hausgärten, Erwerbsanbau, Direktvermarkter; Sortenschutz in mehreren Ländern

Ometa

Synonyme: Keine
Herkunft: 'Westra' × Resistenter Zuchtstamm
Verwendung: Frischmarkt, Verarbeitung
Anbaueignung: Ohne besondere Anforderungen, regelmäßiger Schnitt
Wuchs: Stark, mittelhoch, breit buschig, wenig Basistriebe
Reifezeit: Früh
Befruchtung: Selbstfertil, Fremdbestäubung günstiger für bessere Befruchtung und verminderte Rieselneigung (2 Sorten pflanzen!)
Ertrag: Hoch
Frucht: Mittellanger Fruchtstand, Früchte fest, groß, längere Zeit am Strauch haltbar, süßsäuerlicher aromatischer Geschmack, kräftiges Aroma
Resistenzen: Mehltau, nur gering anfällig für Knospengallmilbe und Säulenrost
Anbauhinweise: Erwerbsanbau, Direktvermarkter, Hausgärten; Sortenschutz in mehreren Ländern

Titania

Synonyme: Keine
Herkunft: 'Altajskaja Desertnaja' × ('Consort' × 'Kajaanin Musta')
Verwendung: Frischmarkt, Verarbeitung
Anbaueignung: Ohne besondere Anforderungen, starker Schnitt
Wuchs: Sehr stark, mittelhoch, breit buschig
Reifezeit: Mittelspät
Befruchtung: Selbstfertil, Fremdbestäubung günstiger für bessere Befruchtung und verminderte Rieselneigung (2 Sorten pflanzen!)
Ertrag: Hoch
Frucht: Langer Fruchtstand, Früchte fest, groß, längere Zeit am Strauch haltbar, säuerlicher aromatischer Geschmack, kräftiges Aroma, maschinell erntbar
Resistenzen: Mehltau und andere Pilzkrankheiten, gering anfällig für Knospengallmilbe
Anbauhinweise: Besonders für Erwerbsanbau, Direktvermarkter, Hausgärten; Sortenschutz in mehreren Ländern

Blanka

Synonyme: Keine
Herkunft: 'Heinemanns Rote Spätlese' × 'Red Lake'
Verwendung: Frischverzehr, Verarbeitung
Anbaueignung: Ohne besondere Anforderungen, Auslichtungsschnitt
Wuchs: Stark, aufrecht, hochbuschig, mitteldicht verzweigt
Reifezeit: Spät
Befruchtung: Selbstfertil
Ertrag: Hoch, Sorte neigt zum Verrieseln
Frucht: Langer Fruchtstand, lockerer Beerensitz, Früchte mittelfest bis fest, lange am Strauch haltbar, gut zu transportieren, mittelgroß, gelblich weiß durchscheinend, wenig süßer, kräftig säuerlicher Geschmack, kräftiges Aroma
Resistenzen: Wenig Mehltau, mittel anfällig für Blattfallkrankheit
Anbauhinweise: Direktvermarkter, Hausgärten, Erwerbsanbau

Zitavia

Synonyme: Keine
Herkunft: Zufallssämling
Verwendung: Frischverzehr, Verarbeitung
Anbaueignung: Ohne besondere Anforderungen, regelmäßiger Auslichtungsschnitt, gutes Regenerationsvermögen
Wuchs: Mittelstark, aufrecht, hochbuschig, mitteldicht verzweigt
Reifezeit: Früh
Befruchtung: Selbstfertil
Ertrag: Hoch, Sorte neigt wenig zum Verrieseln
Frucht: Langer Fruchtstand, lockerer Beerensitz, Früchte mittelfest bis fest, lange am Strauch haltbar, gut zu transportieren, mittelgroß, gelblich weiß durchscheinend, säuerlich milder Geschmack, mittleres Aroma
Resistenzen: Mehltau, nur gering anfällig für Blattfallkrankheit, spätfrostgefährdet
Anbauhinweise: Direktvermarkter, Hausgärten, Erwerbsanbau

Invicta

Synonym: 'Invictus'
Herkunft: ('Resistenta' × 'Rote Triumph') × 'Keepsake'
Verwendung: Häusliche Verwertung, Verarbeitung
Anbaueignung: Für alle Lagen
Wuchs: Stark, breit buschig, meist überhängend, mittel bestachelt
Reifezeit: Mittel bis spät
Befruchtung: Selbstfertil, guter Bienenbeflug notwendig, Fremdbestäubung kann höheren Ertrag bringen
Ertrag: Sehr hoch
Frucht: Mittelgroß, fest, mittelstark behaart, geringe Säure, mäßig süß, angenehmer Geschmack, gut pflückbar, gut transportabel, Früchte neigen wenig zum Platzen
Resistenzen: Wenig Mehltau und Blattfallkrankheit
Anbauhinweise: Erwerbsanbau, Selbstversorger, Hausgärten; Sortenschutz in mehreren Ländern

Pax

Synonyme: Keine
Herkunft: 'Rote Triumph' × [('Captivator' × 'Lancashire Lad') × selbst]
Verwendung: Häusliche Verwertung, Verarbeitung
Anbaueignung: Für alle Lagen
Wuchs: Stark, breit buschig, meist überhängend, wenig bestachelt
Reifezeit: Mittel bis spät
Befruchtung: Selbstfertil, guter Bienenbeflug ist notwendig, Fremdbestäubung kann höheren Ertrag bringen
Ertrag: Hoch
Frucht: Groß, fest, gering behaart, geringe Säure, mäßig süß, süßlich sauerer Geschmack, Früchte sind gut pflückbar, gut transportabel
Resistenzen: Wenig Mehltau und Blattfallkrankheit
Anbauhinweise: Erwerbsanbau, Selbstversorger, Hausgärten; EU-Sortenschutz

Reflamba

Synonyme: Keine
Herkunft: ['Keepsake' × ('Goldkugel' × *Ribes divaricatum*)] × frei abgeblüht
Verwendung: Häusliche Verwertung, Verarbeitung
Anbaueignung: Für alle Lagen
Wuchs: Stark, breitbuschig, etwas sparrig, mittelstark bestachelt, teils lange Stacheln
Reifezeit: Spät bis sehr spät
Befruchtung: Selbstfertil, guter Bienenbeflug notwendig, Fremdbestäubung kann höheren Ertrag bringen
Ertrag: Hoch bis sehr hoch
Frucht: Frucht mittelgroß bis groß, nicht behaart, mittlere Säure, mäßig süß, wenig Aroma, säurebetonter Geschmack, Früchte gut pflückbar, gut transportabel, am Strauch lange haltbar
Resistenzen: Wenig Mehltau und Blattfallkrankheit
Anbauhinweise: Erwerbsanbau, Selbstversorger, Hausgärten; Sortenschutz

Remarka

Synonyme: Keine
Herkunft: ['Keepsake' × ('Goldkugel' × *Ribes divaricatum*)] × 'Mauks Frühe Rote'
Verwendung: Häusliche Verwertung, Verarbeitung
Anbaueignung: Für alle Lagen
Wuchs: Stark, breit buschig, dicht, halb aufrecht, stark bestachelt, lange Stacheln, ständiger Auslichtungsschnitt ist erforderlich
Reifezeit: Austrieb mittelfrüh, sehr früh bis früh reifend
Befruchtung: Selbstfertil, Fremdbestäubung kann höheren Ertrag bringen
Ertrag: Mittel bis hoch
Frucht: Mittelgroß, gering behaart, mittelfest, mittlere Säure, mäßig süß, angenehmer Geschmack, aromatisch, gut pflückbar, gut transportabel, Früchte neigen zum Platzen
Resistenzen: Wenig Mehltau, mittel anfällig für Blattfallkrankheit
Anbauhinweise: Erwerbsanbau, Selbstversorger, Hausgärten

Reverta

Synonyme: Keine
Herkunft: Zuchtklon × 'Früheste Gelbe'
Verwendung: Häusliche Verwertung, Verarbeitung
Anbaueignung: Für spätfrostsichere Lagen
Wuchs: Mittelstark, breit buschig, dicht, halb aufrecht, lange Stacheln, ständiger Auslichtungsschnitt
Reifezeit: Austrieb mittelfrüh, mittelfrüh reifend
Befruchtung: Selbstfertil, Fremdbestäubung kann höheren Ertrag bringen
Ertrag: Mittel bis hoch
Frucht: Mittelgroß, mittelstark behaart, fest, sehr süß mit geringer Säure, angenehmer Geschmack, aromatisch, gut pflückbar, gut transportabel, am Strauch nicht lange haltbar, Früchte neigen zum Platzen
Resistenzen: Wenig Mehltau und Blattfallkrankheit
Anbauhinweise: Erwerbsanbau, Selbstversorger, Hausgärten

Rixanta

Synonyme: Keine
Herkunft: ['Keepsake' × ('Goldkugel' × *Ribes divaricatum*)] × 'Mauks Frühe Rote'
Verwendung: Grünpflücke, häusliche Verwertung, Verarbeitung
Anbaueignung: Für alle Lagen, düngen fördert Mehltauanfälligkeit
Wuchs: Mittelstark, buschig, mitteldicht, etwas sparrig, Triebe gering bestachelt
Reifezeit: Austrieb mittelfrüh, mittelspät reifend
Befruchtung: Selbstfertil
Ertrag: Hoch
Frucht: Mittelgroß, mittelstark behaart, fest, süß mit ausgewogener Säure, angenehmer Geschmack, mäßig aromatisch, gut pflückbar, gut transportabel, am Strauch lange haltbar, Früchte neigen kaum zum Platzen
Resistenzen: Wenig Mehltau und Blattfallkrankheit
Anbauhinweise: Erwerbsanbau, Selbstversorger, Hausgärten; Sortenschutz

Rokula

Synonyme: Keine
Herkunft: 'Mauks Frühe Rote' × Resistenter Zuchtklon
Verwendung: Häusliche Verwertung, Verarbeitung
Anbaueignung: Für alle Lagen
Wuchs: Mittel bis stark, buschig, dichte Büsche, gering bestachelt
Reifezeit: Austrieb mittelfrüh, mittelspät reifend
Befruchtung: Selbstfertil, guter Bienenbeflug notwendig, Fremdbestäubung kann höheren Ertrag bringen
Ertrag: Mittel bis hoch
Frucht: Mittelgroß, schwach behaart, mittelfest, süß mit ausgewogener Säure, angenehmer Geschmack, aromatisch, gut pflückbar, Früchte neigen wenig zum Platzen
Resistenzen: Mehltau und Blattfallkrankheit
Anbauhinweise: Erwerbsanbau, Selbstversorger, Hausgärten; EU-Sortenschutz

Rolonda

Synonyme: Keine
Herkunft: 'London' frei abgeblüht
Verwendung: Häusliche Verwertung, Verarbeitung
Anbaueignung: Für alle Lagen, auch für Heckenkultur
Wuchs: Mittel bis stark, breit buschig, aufrechte Triebe, gering bestachelt
Reifezeit: Austrieb mittelspät, spät reifend
Befruchtung: Selbstfertil, Fremdbestäubung kann höheren Ertrag bringen
Ertrag: Mittel bis hoch
Frucht: Mittelgroß, schwach behaart, sehr fest, mittlere Säure und Süße, sehr angenehmer Geschmack, mittel aromatisch, Früchte sind gut pflückbar, neigen wenig zum Platzen, können sehr lange am Strauch hängen bleiben
Resistenzen: Wenig Mehltau, stärker anfällig für Blattfallkrankheit
Anbauhinweise: Erwerbsanbau, Selbstversorger, Hausgärten; Sortenschutz

Fragaria chiloensis

Chile-Erdbeere (4 Unterarten)

Vorkommen: Gesamte Pazifikküste Nord- und Südamerikas mit angrenzenden Gebirgen, Anfang des 18. Jahrhunderts nach Europa importiert

Beziehung zur Kulturform: Mutter der Kulturerdbeere, zufällige Kreuzung mit *F. virginiana* ergab Hybriden, die später als *F.* × *ananassa* zur Kulturerdbeere entwickelt worden sind

Verwendung: In Lateinamerika seit über 1000 Jahren kultiviert

Resistenzen: Resistent gegen Trockenheit und salzhaltige Böden, frostempfindlich

Wuchs: Rosette mit dicken, roten und sehr wüchsigen Ausläufern, oft nicht winterhart

Frucht: Bis 35 mm Durchmesser, kugelig bis flachrund, rot bis weiß, süß, mild, weißfleischig, fest, spät reifend, große rotbraune bis dunkelbraune Nüsschen, leicht eingesunken bis aufliegend

Fragaria virginiana

Scharlach-Erdbeere, Himbeer-Erdbeere (4 Unterarten)

Vorkommen: Zentrales und östliches Nordamerika, Ende des 16. Jahrhunderts nach Europa eingeführt

Beziehung zur Kulturform: Vater der Kulturerdbeere, neuerdings erneut zur Rückkreuzung verwendet (siehe *F. chiloensis*)

Verwendung: Vor der europäischen Besiedlung schon Früchte genutzt, im 17. und 18. Jahrhundert in Europa kultiviert

Resistenzen: Resistent gegen Trockenheit und niedrige Temperaturen

Wuchs: Rosette mit dünnen, grünen und sehr wüchsigen Ausläufern

Frucht: 6 bis 25 mm Durchmesser, rotfleischig, weich, rund, säuerlich, sehr aromatisch, frühe Reife, tief eingesunkene Nüsschen, sehr fruchtbar, stark zurückgeschlagener Kelch

Darselect

Herkunft: 'Elsanta' × 'Parker'
Verwendung: Frischmarkt, Verarbeitung, nach 'Elsanta' beliebteste Sorte weltweit
Anbaueignung: Ohne besondere Anforderungen, Verfrühung unter Folie
Wuchs: Bildet kräftige, locker aufgebaute Pflanzen
Reifezeit: Mittelfrüh, etwa 2 Tage vor 'Elsanta', einmal tragend
Befruchtung: Selbstfertil
Ertrag: Mittel bis hoch, geringer als 'Elsanta'
Frucht: Groß, gut pflückbar, glänzend, orangerotes Fruchtfleisch, fest, gut zu transportieren, Geschmack mittel bis gut, kräftiges Aroma
Resistenzen: Krankheitsanfälligkeit hält sich in Grenzen, noch wenig Erfahrungen, weniger empfindlich als 'Elsanta'
Anbauhinweise: Direktvermarkter, Erwerbsanbau, Hausgärten; EU-Sortenschutz

Elsanta

Herkunft: 'Gorella' × 'Holiday'
Verwendung: Frischmarkt, Verarbeitung
Anbaueignung: Hohe Anforderungen an Standort, Verfrühung unter Folie, einjähriger Anbau empfehlenswert
Wuchs: Bildet kräftige, mitteldichte Pflanzen
Reifezeit: Mittelfrüh, einmal tragend
Befruchtung: Selbstfertil
Ertrag: Sehr hoch, ertragsfähigste Sorte im gegenwärtigen Sortiment
Frucht: Groß, ab 2. Pflücke kleiner, gut pflückbar, stark glänzend, sehr attraktiv, hellorangerotes Fruchtfleisch, fest, sehr gut zu transportieren, Geschmack süßsäuerlich, sehr gut, kräftiges Aroma
Resistenzen: Anfällig für Wurzel- (*Phytophthora*) und Welkeerkrankungen (*Verticillium*), empfindlich für Barfrost und Spätfrost
Anbauhinweise: Erwerbsanbau, Direktvermarkter; Sortenschutz in mehreren Ländern

Florence

Eltern: Nicht bekannt
Verwendung: Frischmarkt, häusliche Verwertung, Verarbeitung
Anbaueignung: Keine besonderen Ansprüche
Wuchs: Bildet kräftige, dichte Pflanzen mit gesundem Laub
Reifezeit: Spät, 6 bis 12 Tage nach 'Elsanta', einmal tragend
Befruchtung: Selbstfertil
Ertrag: Hoch bis sehr hoch
Frucht: Groß, gut pflückbar, stark glänzend, rotes Fruchtfleisch, mittelfest, gut zu transportieren, Geschmack süßsäuerlich, mittel bis gut, mittleres Aroma
Resistenzen: Allgemein robust, wenig Wurzel- und Welkeerkrankungen, Weißfleckenkrankheit, Mehltau und Grauschimmel, Befall durch starken Wuchs kompensiert
Anbauhinweise: Erwerbsanbau, Hausgärten, Direktvermarkter; EU-Sortenschutz

Korona

Herkunft: 'Tamella' × 'Induka'
Verwendung: Frischmarkt, Verarbeitung, für Gefrierkonservierung weniger gut geeignet
Anbaueignung: Keine besonderen Ansprüche
Wuchs: Bildet kräftige, dichte und große Pflanzen
Reifezeit: Mittelfrüh, wenig vor 'Elsanta', lange Reifeperiode, einmal tragend
Befruchtung: Selbstfertil
Ertrag: Hoch bis sehr hoch
Frucht: Groß, ab 2. Pflücke kleiner, gut mit Kelch, aber schwer ohne Kelch pflückbar, etwas glänzend, orangerotes Fruchtfleisch, mittelfest bis fest, wenig druckempfindlich, gut zu transportieren, Geschmack säuerlich süß, mittel bis gut, mittleres Aroma
Resistenzen: Mittel anfällig für Mehltau, anfällig für Grauschimmel
Anbauhinweise: Erwerbsanbau, Direktvermarkter, Hausgärten; Sortenschutz in mehreren Ländern

Symphony

Herkunft: 'Rhapsody' × 'Holiday'
Verwendung: Frischmarkt, häusliche Verwertung, Verarbeitung
Anbaueignung: Allgemein anbaufähig, besonders für späte Lagen und schwere Böden geeignet
Wuchs: Bildet kräftige, dichte Pflanzen
Reifezeit: Mittelspät, wenig nach 'Elsanta', einmal tragend
Befruchtung: Selbstfertil
Ertrag: Hoch
Frucht: Groß, gut pflückbar, glänzend, orangerotes Fruchtfleisch, mittelfest, wenig druckempfindlich, gut zu transportieren, Geschmack säuerlich, nur mittel, mittleres Aroma
Resistenzen: Nur mäßig empfindlich für Rote Wurzelfäule (*Phytophthora fragariae*), mittel anfällig für Grauschimmel, noch wenig Erfahrung
Anbauhinweise: Erwerbsanbau, Direktvermarkter, Hausgärten; EU-Sortenschutz

Tenira

Herkunft: 'Red Gauntlet' × 'Gorella'
Verwendung: Frischmarkt, häusliche Verwertung, Verarbeitung
Anbaueignung: Allgemein anbaufähig, keine besonderen Ansprüche
Wuchs: Mittelstark wachsend, bildet kräftige, mitteldichte, meist flache Pflanzen
Reifezeit: Mittelfrüh, wenig vor 'Elsanta', einmal tragend
Befruchtung: Selbstfertil
Ertrag: Mittelhoch bis hoch
Frucht: Mittelgroß bis groß, ab 2. Pflücke kleiner, gut mit Kelch, schwer ohne Kelch pflückbar, stark glänzend, orangerotes Fruchtfleisch, fest, wenig druckempfindlich, gut zu transportieren, Geschmack säuerlich süß, mittleres bis kräftiges Aroma
Resistenzen: Allgemein robust, mittel anfällig für Grauschimmel
Anbauhinweise: Erwerbsanbau, Direktvermarkter, Hausgärten

Verzeichnisse

Die Autoren

Prof. Dr. Manfred Fischer
Söbrigener Str. 15
01326 Dresden
Tel./Fax: (0351) 2618539
E-Mail: manfred.fischer@sz-online.de
Ehemals: IPK Gatersleben, Genbank Obst Dresden-Pillnitz

Dipl.-Gartenbauingenieur
Hans-Joachim Albrecht
Johannisthaler Chaussee 58
12437 Berlin
Tel.: (030) 6317607
Ehemals: Baumschulen Berlin-Baumschulenweg GmbH

Dr. Martin Geibel
Hörnchenweg 4
01328 Dresden
Tel.: (0351) 2618498
E-Mail: martingeibel@aol.com
Ehemals: IPK Gatersleben, Genbank Obst Dresden-Pillnitz

Literaturverzeichnis

Bundessortenamt (Hrsg., 1995): Beschreibende Sortenliste Beerenobst. Landbuch Verlagsgesellschaft, Hannover.

Bundessortenamt (Hrsg., 1997): Beschreibende Sortenliste Steinobst. Landbuch Verlagsgesellschaft, Hannover.

Bundessortenamt (Hrsg., 1999): Beschreibende Sortenliste Wildobstarten. Landbuch Verlagsgesellschaft, Hannover.

Bundessortenamt (Hrsg., 2000): Beschreibende Sortenliste Kernobst. Landbuch Verlagsgesellschaft, Hannover.

Erhardt, W., Götz, E., Bödeker, N., Seybold, S. (2002): Zander – Handwörterbuch der Pflanzennamen. 17. Aufl., Verlag Eugen Ulmer, Stuttgart.

FAO (1998): Statistic Series Nr. 148, Production Yearbook 52, 55–56, 153–154.

Feucht, W., Vogel, T., Schimmelpfeng, H., Treutter, D., Zinkernagel, V. (2001): Kirschen- und Zwetschenanbau. Verlag Eugen Ulmer, Stuttgart.

Fischer, M. (Hrsg., 2003): Farbatlas Obstsorten. 2. Aufl., Verlag Eugen Ulmer, Stuttgart.

Fischer, M. (Hrsg., 2003): Apfelanbau, integriert und biologisch. Verlag Eugen Ulmer, Stuttgart.

Fischer, M. (Hrsg., 2003): Die Sorte als Innovationsfaktor. Vorträge Pflanzenzüchtung 57, GPZ Göttingen.

Fischer, M., Weber, H.J. (Hrsg., 2005): Birnenanbau, integriert und biologisch. Verlag Eugen Ulmer, Stuttgart.

Geibel, M., Fischer, M., Fischer, C. (2000): Proceedings of the Eucarpia Symposium on Fruit Breeding and Genetics, Dresden 1999. Acta Horticulturae 538.

Hanelt, P. and Institute of Plant Genetics and Crop Plant Research (Hrsg., 2001):

Mansfeld's Encyclopedia of Agricultural and Horticultural Crops. Springer Verlag, Berlin/Heidelberg.
HARTMANN, W. (Hrsg., 2003): Farbatlas Alte Obstsorten. 2. Aufl., Verlag Eugen Ulmer, Stuttgart.
IPK Gatersleben, Genbank Obst Dresden-Pillnitz (2002): Datenbanken Apfel, Birne, Steinobst, Erdbeere (www.ipk-gatersleben.de/genres; www.dainet.de/genres/eva/apfel.htm; www.boredeaux.inra.fr/urefv/base/index.htm; www.agr.unian.it/ricerca/prog-ric/cost836.htm).
JANICK, J. (Hrsg., 2003): Wild Apple and Fruit Trees of Central Asia. Horticultural Reviews 29, John Wiley and Sons, Inc., Hoboken, New Jersey.
JANICK, J., SANSAVINI, S. (2003): Genetics and Breeding of Tree Fruits and Nuts. Acta Horticulturae 622.
KELLERHALS, M., MÜLLER, W., BERTSCHINGER, L., DARBELLAY, C., PFAMMATTER, W. (1997): Obstbau. Landwirtschaftliche Lehrmittelzentrale, Zollikofen.
KRÜSSMANN, G. (1977): Handbuch der Laubgehölze II. Verlag Paul Parey, Berlin, Hamburg.
MOORE, J.N., BALLINGTON, J.R. (1992): Genetic Resources of Temperate Fruit and Nut Crops. Acta Horticulturea 290.
PETZOLD, H. (1979): Birnensorten. 1. Aufl., Neumann Verlag, Radebeul.
PETZOLD, H. (1990): Apfelsorten. 4. Aufl., Neumann Verlag, Radebeul.
REHDER, A. (1958): Manual of cultivated trees and shrubs. 2. Aufl., Macmillan, New York.
ROLFF, J.H. (2001): Der Apfel, Sortennamen und Synonyme. Selbstverlag, Kiefersfelden.
ROLFF, J.H. (2002): Die Birne, Sortennamen und Synonyme. Selbstverlag, Kiefersfelden.
SILBEREISEN, R., GÖTZ, G., HARTMANN, W. (1996): Obstsortenatlas. 2. Aufl., Verlag Eugen Ulmer, Stuttgart.
STAUDT, G. (1999): Systematics and Geographic Distribution of the American Strawberry Species. University of California Press, Berkeley, Los Angeles, London.
STÖRTZER, M., WOLFRAM, B., SCHURICHT, W., MÄNNEL, R. (1992): Steinobst. Neumann Verlag, Radebeul.
WHEALY, K. (1989): Fruit, Berry and Nut Inventory. Seed Saver Publications, Decorah, Iowa, USA.
ZWET, T. VAN DER, KEIL, H.L. (1979): Fire Blight. Agric. Handbook 510, US Dept. of Agriculture, Washington D.C.

Bildquellen

ALBRECHT, H.-J., Berlin: Umschlagfoto unten, Seite 54–62, 63 links, 64–66, 67 rechts, 70, 71, 94 links

FISCHER, M., Dresden-Pillnitz: Umschlagfoto oben, Seite 5, 7, 9, 10, 12/13, 14–37, 38 rechts, 39–53, 63 rechts, 67 links, 69 rechts, 72–74, 75 links, 76 links, 77–79, 81–93, 94 rechts, 95, 97–100, 101 rechts, 102, 103, 104 links, 105 rechts, 106 rechts, 107, 108 links, 109, 110, 111 links, 112, 113, 114 links, 115–117

FUCHS, E., Halle: Seite 96 links

GEIBEL, M., Dresden: Seite 38 links, 118, 119 rechts, 121 rechts

GÜNTHER, M., Neustadt/W.: Seite 96 rechts

HARTMANN, W., Stuttgart-Hohenheim: Seite 75 rechts, 76 rechts, 80

SCHULTE, E., Wurzen: Seite 101 links, 104 rechts, 105 links, 106 links, 108 rechts, 111 rechts, 114 rechts, 119 links, 120 links, 121 links

SPELLERBERG, B., Burgdorf: Seite 68, 69 links, 120 rechts

Register

Bibliografische Information der Deutschen Bibliothek
Die Deutsche Bibliothek verzeichnet diese Publikation in der Deutschen Nationalbibliografie; detaillierte bibliografische Daten sind im Internet über http://dnb.ddb.de abrufbar.

Wollgrasweg 41, 70599 Stuttgart (Hohenheim)
E-Mail: info@ulmer.de
Internet: www.ulmer.de
Umschlaggestaltung: Atelier Reichert, Stuttgart
Lektorat: Dr. Angelika Eckhard, Birgit Schüller
Herstellung: Silke Reuter
Satz: Typomedia GmbH, Ostfildern
Druck und Bindung: Appl, Wemding
Printed in Germany

ISBN-13: 978-3-8001-4670-3
ISBN-10: 3-8001-4670-3